LUNCHBOX RECIPE

초성비(초간단+가성비) 좋은
집밥 도시락 레시피 86

날마다
도시락 DAY

밥, 면, 빵, 한입 요리로 만드는
맛있는 간편 도시락

시대인

작가의 말

우리의 일상을 가득 채우는 맛있는 도시락의 세계로 여러분을 초대하는

네이버 푸드 인플루언서 '뵤뵤'입니다.

제 요리 인생은 블로그를 통해 시작되었습니다.

제게 블로그란, 처음에는 단순히 다양한 맛집 및 카페를 탐방하며

그 경험을 솔직한 후기로 기록하고 온라인을 통해 소통하는 개인적인 취미였습니다.

그러던 제가 결혼을 하면서,

부모님과 함께 지낼 땐 멀게만 느껴졌던 경제적인 부분이 현실로 다가왔습니다.

그렇게 점심 물가가 많이 올라 가격이 비싸진 것을 뜻하는 신조어,

일명 '런치플레이션'에 대한 저의 고민이 시작되었습니다.

식비가 계속 상승하는 현대 사회에서 맛있고 건강한 식사를 저렴하게 즐기고 싶은 저의 노력이 담긴

간단하고 실용적인 도시락&집밥 레시피를 블로그와 인스타그램을 통해 꾸준히 공유하다 보니,

저와 같은 생각을 가진 수많은 이들에게 큰 공감을 얻었습니다.

그 덕에 네이버 푸드 인플루언서가 되어 블로그, 인스타그램, TV 방송 등 다양한 매체를 통해

사람들에게 맛있는 도시락 레시피를 공유하며 사랑받는 요리사로 성장할 수 있었습니다.

이러한 경험과 지식을 집약하여 <날마다 도시락 DAY>에 구체적으로 담아내었습니다.

이 책을 통해 뵤뵤가 엄선한 특별한 도시락 레시피들을 만나보세요.

수많은 고민과 시도를 통해 탄생한 제 도시락 레시피는 요리에 대한 저의 끊임없는 창의력과 열정을

보여주며, 누구나 쉽고 간편하게 따라 할 수 있는 것이 특징입니다.

제 도시락 레시피가 단순히 맛있는 음식을 만드는 것을 넘어,

여러분에게 사랑과 배려가 담긴 따뜻한 식사가 될 수 있기를 희망합니다.

**귀찮고 번거로운 도시락의 편견 타파,
간단한 재료로 30분 안에 만들 수 있는 한 그릇 도시락 요리**

한창 팬데믹이 이어지던 시절, 밖에서 먹는 게 무서워서 점심 도시락을 싸서 다니게 되었어요. 한상차림 집밥처럼 먹기 위해 밥, 반찬, 메인요리, 국 등을 하나씩 만들려면 번거롭고 시간도 오래 걸리죠. 저는 한 그릇 도시락으로 매일 외식 부럽지 않게 점심을 해결하고 있어요. 퇴근 후 1분 1초도 허비할 수 없는 직장인들에게 간단한 재료로 30분 안에 만들 수 있는 한 그릇 도시락 요리는 필수랍니다.

점심시간이 되면, 많은 직장인들이 주변 식당에 가려고 동시에 몰려나와요. 이로 인해 식당을 검색하고 고르는 데 걸리는 시간과 서둘러 이동해도 피할 수 없는 웨이팅 시간이 있었죠. 실제로 음식을 주문한 후 나오기를 기다리는 시간, 동료들과 함께 식사하는 시간, 그리고 사무실로 돌아오는 시간까지 모두 고려하면, 한 시간의 점심시간이 얼마나 짧고 부족한지 실감하게 돼요.

이제는 도시락 덕분에 점심을 먹고 난 후 남은 30분 정도의 시간을 알차게 활용할 수 있어서 얼마나 좋은지 몰라요. 공부나 취미활동, 운동을 하는 분들도 꽤 계신답니다. 저 같은 경우에는 블로그에 요리 포스팅을 하거나 메뉴 아이디어를 찾곤 해요. 주 5일을 계산해보면 총 150분, 평일에만 2시간 30분을 보다 효율적으로 사용할 수 있어요. 여러분도 이 소중한 시간을 자신만의 방법으로 활용해 보시는 건 어떨까요?

월급 빼고 다 올랐다는 고물가 시대,
외식이 생각나지 않는 다채로운 식비 절약 레시피

시간뿐만 아니라, 올라도 너무 오른 물가 탓에 조금이라도 식비를 절약하고자 도시락을 준비하기 시작했어요. 이전에는 편의점 도시락, 샌드위치, 김밥 등 간편 식품이나, 구독 서비스로 제공되는 다이어트식, 건강식을 이용했어요. 회사 근처 식당이나 구내식당에서 항상 똑같은 음식을 선택하기도 했죠. 월급날에는 기분 전환 삼아 외식을 즐겼지만, 자극적인 화학조미료 때문에 건강이 걱정되었고, 건강식은 가격이 비싸면서도 포만감이 부족해 늘 고민이었어요.

지금은 매일 아침 식자재 마트와 동네 마트의 할인 정보를 카톡으로 받아보고 예산에 맞춰 일주일 치 식단을 계획합니다. 대용량 냉동식품은 인터넷이나, 창고형 마트에서 구매해 냉동실에 비축해두죠. 다양성을 추구하는 제 입맛에 맞추기 위해 한정적인 재료로 다채로운 레시피를 시도하고 있어요. 외식이 생각나지 않도록 맛있고 든든한 식사를 하려고 노력하고 있답니다. 이렇게 준비한 도시락은 외식이나 배달 한 끼 가격과 맞먹는 일주일 치 식사가 되기도 해요. 점심값과 식후 커피값을 더하면 그 가치는 상상 그 이상이에요.

일상 속에서 만들어내는 소중한 즐거움,
먹는 것만큼은 진심인 사람, 뵤뵤의 소소한 다짐

무엇보다 건강한 식사는 생활의 활력이자, 일상의 소중한 즐거움이에요. 매일 일상이 반복되는 듯해도,

점심시간만큼은 직접 준비한 도시락으로 특별한 순간을 만들어냅니다. 나를 위해, 사랑하는 남편을 위

해, 우리 가족의 건강을 위해 조금 일찍 일어나 정성을 다해 도시락을 준비합니다. 이렇게 하루를 시작하

는 것만으로도 마음은 이미 풍성해지는 것 같아요.

절약해야 하는 고물가 시대, 식비를 아끼는 것도 중요하지만 그것만이 전부는 아닙니다. 직접 준비한 영

양가 있는 식단으로 나와 가족의 건강을 챙기는 것, 그리고 바쁜 일상 속 작고 소중한 여유를 즐기는 것.

이 모든 것이 저의 소박한 다짐이자, 먹는 것만큼은 진심인 사람으로서의 일상이랍니다.

매일같이 준비하는 도시락은 단순한 식사가 아닌, 나와 내 가족에 대한 사랑과 관심이 담긴 메시지와도

같습니다. 이 소중한 마음을 담아, 앞으로도 건강과 행복을 채워나갈 점심시간을 기대하며 오늘도 힘차

게 하루를 시작해보세요. 여러분도 작은 실천으로 일상의 큰 변화를 경험하시길 바라요. :)

천벼리(뵤뵤)

CONTENTS

PART 2. 볶음밥 & 비빔밥

PART 3. 주먹밥 & 김밥 & 말이(롤)

PART 4. 면 & 빵 🍜

PART 5. 보너스 레시피 🧤

도시락
가이드

일/러/두/기 ◎

* 이 책에 수록된 모든 요리는 1인분을 기준으로 만들었습니다.
  (PART 3에서 2인분 요리가 있을 경우 재료에 표기했습니다.)

* 1큰술, 1/2큰술 계량은 어른용 밥숟가락을 기준으로 했습니다.

* 레시피에 들어가는 밥 1공기의 양은 200g을 기준으로 했습니다.

* 레시피에서 불 세기는 가스레인지를 기준으로 약불, 중약불, 중불, 강불 네 가지로 전달합니다.

* 레시피에 들어가는 식용유는 올리브유를 제외한 요리유로 변경 가능합니다.

* 에어프라이어를 사용한 요리의 경우, 팬으로 구워도 무방할 땐 레시피에 팁으로 전달했습니다.

* 전자레인지는 700W 기준입니다.

1큰술

[가루]

[액체]

숟가락에 넘치지 않을 정도로 담는 분량

1/2큰술

[가루]

[액체]

숟가락에 절반 정도로 담는 분량

한 줌

한 손에 담길 만큼
집는 분량

1꼬집

엄지와 검지로
집는 분량

편썰기

재료의 본 모양 그대로
얇게 써는 방법

채썰기

편썰기 한 후 비스듬
히 포개고, 손으로
누르며 가늘고 길게
써는 방법

어슷썰기

재료를 적당한 두께로
비스듬하게(어슷하게)
써는 방법

잘게 썰기(다지기)

가늘게 채썰고 작게
조각내는 방법

깍둑썰기

두께가 있는 채소를
정사각형 주사위 모양
으로 써는 방법

돌려썰기

재료를 굴리고 돌려
가며 연필 깎듯이
써는 방법

십자썰기

재료를 본 모양 그대로 두껍게 썬 후 십자(+)로 써는 방법

송송썰기

파와 같이 길이가 긴 재료를 잘게 써는 방법

반달썰기

둥근 재료를 세로로 썰어서 반원형(반달 모양)으로 써는 방법

나박썰기

재료를 직육면체로 써는 방법 (깍둑썰기보다 두께가 얇게 써는 방법)

채칼로 얇게 채썰기

채칼을 이용할 때 포크로 재료를 고정하여 안전하게 써는 방법

감자칼로 얇게 슬라이스 썰기

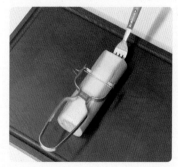

감자칼을 이용할 때 포크로 재료를 고정하여 안전하게 써는 방법

❶ 송송 썬 대파 : 다용도
❷ 길쭉하게 썬 대파 : 볶음용
❸ 다진 대파 : 양념장, 달걀말이 등
❹ 어슷 썬 대파 : 국, 찌개용

손질 및 보관방법(공통)

용도에 맞게 손질한 대파는 밀폐 용기 또는 지퍼 팩에 담고, 식용유 또는 올리브유 1~2큰술을 두른 후 골고루 섞어 냉동 보관합니다.
이렇게 보관하면 서로 들러붙지 않고 덩어리지지 않아 원하는 양을 바로 퍼서 사용할 수 있습니다.

송송 썬 대파는 밀폐 용기에 담았을 때보다 지퍼 팩에 담았을 때 더 잘 분리되어 사용하기 편리합니다.
만약 밀폐 용기에 담고 싶다면 먼저 비닐에 담아 얼린 후 송송 썬 대파가 하나씩 떨어질 때 옮겨 보관하도록 하세요. 개인적으로는 지퍼 팩에 담아 돌돌 말아서 냉장고 안 자리를 확보하는 편입니다.

손질 후 남은 파 뿌리와 윗부분은 흙을 깨끗이 씻어낸 뒤, 물기를 제거하고 밀폐 용기에 담아 냉장 또는 냉동 보관 후 육수용으로 사용합니다.

대용량 재료 손질 및 보관법(마늘)

❶ 통마늘

용도 : 탕, 조림, 구이용
손질방법 : 통마늘의 꼭지를 제거합니다.
보관방법 : 밀폐 용기 바닥에 설탕을 1cm 정도
 채운 후 키친타월을 깔고 그 위에 통
 마늘을 올립니다. 그다음 키친타월
 을 덮고 밀폐 용기 뚜껑을 덮어 냉장
 보관합니다.

❷ 편마늘

용도 : 볶음용
손질방법 : 편으로 썰어주세요.
보관방법 : 편마늘을 밀폐 용기 또는 지퍼 팩에 담고, 그 위에 식용유 또는 올리브유 1~2
 큰술을 두른 후 골고루 섞어 냉동 보관합니다. 이렇게 보관하면 서로 들러붙
 지 않아 원하는 양을 바로 퍼서 사용할 수 있습니다.

❸ 다진 마늘(간 마늘)

용도 : 다용도(주로 볶음용, 양념장)
손질방법 : 블렌더를 이용하여 곱게 갈아주세요.
보관방법 : 얼음 틀에 담아 냉동 보관한 후 용량
 에 맞게 사용하면 편리합니다.
 * 책 속 레시피에 사용된 '다진 마늘
 1큰술'은 얼음틀 1개 양과 같습니다.

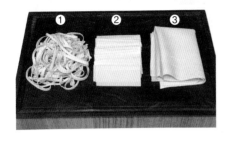

포두부 1팩을 구매하여 용도에 맞게 손질한 후 냉동 보관합니다. 1인분(100g) 양을 미리 소분하여 냉동 보관하면 요리에 사용할 때 편리합니다. 냉동 보관한 포두부는 끓는 물에 1~2분간 가볍게 데친 후 사용하세요.

❶ 두부면

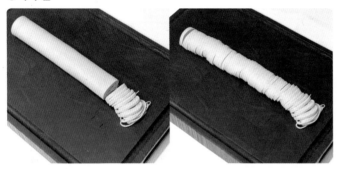

용도 : 면, 김밥 속 재료
손질방법 : 2장씩 돌돌 말아 얇게 채 썰어주세요.

❷ 썬 포두부

용도 : 볶음용
손질방법 : 절반으로 자른 후 2~3cm 너비로 썰어주세요.

❸ 접은 포두부

용도 : 다용도(말이)
손질방법 : 1장씩 가로 한 번, 세로 한 번(총 두 번) 접어주세요.

자주 사용하는 재료

냉동 채소

냉동 채소는 당근, 피망, 양파, 감자(4가지 재료)를 0.5cm 크기로 깍둑썰기 한 후 냉동 보관한 혼합채소입니다. 요리할 때 사용하면 시간이 절약됩니다. 냉동 채소는 마트에서 간편하게 구매할 수 있지만, 직접 만들 수도 있어요.

용도 : 볶음밥, 소스, 면 요리 등에 다양하게 사용합니다.

손질방법 : 좋아하는 채소를 구매해 0.5cm 크기로 깍둑썰기한 후 밀폐 용기 혹은 지퍼 팩에 담아 냉동 보관합니다.

통깨

통깨는 깨를 볶은 후 기계나 도구로 갈지 않은 깨입니다. 고소한 맛이 특징이며, 한식과 잘 어울려 토핑으로 자주 사용해요.

파슬리가루

파슬리가루는 파슬리를 말린 다음 잘게 부순 가루입니다. 향과 맛이 나지 않으나, 요리에 토핑으로 사용하면 완성도가 높아집니다. 양식, 빵 요리, 면 요리에 잘 어울려요.

후리가케

후리가케는 김, 깨, 소금, 설탕, 간장 등이 혼합된 재료입니다. 주로 토핑으로 밥 위에 뿌려먹으며, 밥의 맛을 한층 더 풍부하게 만들어 줍니다. 이외에도 면 요리에 뿌려먹기도 합니다.

❶ 전자레인지용 실리콘 도시락통

+ 가볍습니다. 기름이 잘 닦입니다.
− 고무 패킹이 따로 되어있지 않아 내용물이 샐 수 있습니다.

❷ 전자레인지용 플라스틱 도시락통

+ 가볍습니다. 가격이 저렴하고 종류가 다양합니다.
− 기름이 잘 지워지지 않고 빨간 양념의 음식을 담을 경우 물이 잘 듭니다.

❸ 스테인리스 도시락통

+ 도시락통에 내용물이 물들거나 냄새가 잘 배지 않습니다. 스테인리스 보온 도시락의 경우, 온도 유지가 잘 됩니다.
− 전자레인지 사용이 불가능합니다.

❹ 전기가열용 도시락통

+ 전자레인지에 데우지 않아도 전원만 꽂아주면 가열되어 균일하게 따뜻합니다.
− 어댑터 미지참 시 데워먹기 쉽지 않습니다. 무겁습니다. 고장 시 수리를 맡기거나 새로 구매해야 합니다.

tip 도시락통을 온도 유지가 되는 보온&보냉 파우치에 담아가면 음식이 쉽게 상하지 않습니다. 가능한 보온&보냉 파우치에 담아 가세요!

덮밥

| 김치팽이 치즈덮밥(그라탱)

소요시간
10분

전자레인지만 있으면 빠르고 간편하게 뚝딱 만들 수 있는 덮밥이에요.
김치와 양파, 팽이버섯의 독특한 식감과 적절한 매콤함을
쭉 늘어나는 치즈 안에서 재미있게 즐겨보세요.

🥄 준비해요

[재료]

밥 1공기

양파 1/4개

팽이버섯 50g (1/3봉)

김치 120g

달걀 1개

후춧가루 조금

피자치즈 100g

파슬리가루 조금

[소스]

토마토소스 2큰술

🍳 맛있는 팁

❶ 소시지, 통조림 햄, 고기 등과 함께 곁들여 먹으면 단백질을 채울 수 있어요.

❷ 도시락을 쌀 때 피자치즈를 올린 상태로 가져가고, 먹기 직전에 전자레인지에 돌리면 맛있게 먹을 수 있어요.

🍳 요리해요

1 양파는 잘게 썰고, 팽이버섯은 밑동을 자른 후 잘게 썰어주세요. 김치는 손으로 조금씩 쥐고 꼭 짜서 수분을 제거한 후 잘게 썰어주세요.

2 전자레인지용 도시락통에 밥을 담고, 달걀 1개와 후춧가루를 넣어 함께 섞어주세요.

3 밥 위에 잘게 썰어둔 양파와 팽이버섯을 순서대로 얹어주세요.

4 그 위에 잘게 썰어둔 김치를 얹은 후 토마토소스 2큰술을 넓게 펼쳐주세요.

5 피자치즈를 가득 펼쳐서 올리고 파슬리가루를 조금 뿌려주세요.

6 뚜껑을 덮지 않은 상태로 전자레인지에 5분간 데워주면 완성입니다.

양배추 참치쌈장 덮밥

소요시간
10분

소화가 잘 되는 부드러운 양배추에 고소하고 짭조름한 참치쌈장은 맛의 치트 키이죠.

밥, 양배추, 참치쌈장을 케이크(혹은 라자냐)처럼 층층이 쌓아 올려 먹기 편하게 만들었어요.

* 일반적인 쌈밥과 달리 손에 묻지 않아 간편하게 먹을 수 있고 만들기도 편해요.

🌱 준비해요

[재료]

밥 1공기
양배추 100g
물 100ml
통깨 조금

[참치쌈장]

통조림 참치 100g
쌈장 1큰술
올리고당 1큰술
참기름 1큰술
다진 마늘 1/2큰술

🍳 맛있는 팁

❶ 쌈장 대신 고추장과 된장 각 1/2 큰술을 섞어도 좋아요.

❷ 매운맛을 좋아한다면 참치쌈장 에 청양고추를 송송 다져서 추 가하면 돼요.

🍳 요리해요

1 양배추는 채 썰어주세요.

2 전자레인지용 그릇에 채 썬 양배추와 물 100ml를 넣고 랩을 씌운 후 구멍을 2~3차 례 내서 전자레인지에 3분간 데워주세요.

3 참치쌈장 재료를 분량대로 넣고 섞어주 세요.

4 도시락통에 밥을 얇고 넓게 펼치고, 그 위에 데운 양배추를 밥이 보이지 않도록 넓게 깔 아주세요.

5 그 위에 참치쌈장을 양배추를 다 덮을 만큼 펼쳐 담아주세요.

6 **4**~**5**번을 한 번 더 반복한 후 통깨를 뿌 리면 완성입니다.

| 마제 덮밥

소요시간
15분

흔히 아는 마제 소바는 국물이 없는 면 요리지만, 면 대신 밥을 넣으면 푸짐한 한 끼 식사가 돼요.
향긋한 부추의 아삭한 식감과 다진 돼지고기가 감칠맛 나는 매력적인 덮밥입니다.

🖐 준비해요

[재료]

밥 1공기
돼지고기 다짐육 150g
부추 한 줌
대파 1/2대
다진 마늘 1큰술
식용유 1큰술

[양념]

간장 2큰술
올리고당 2큰술
굴소스 1큰술
고추기름 1큰술
(고춧가루 2큰술 대체 가능)
후춧가루 조금

[토핑]

달걀노른자 1개
김가루 적당량
후리가케 조금 (통깨 대체 가능)

🍳 맛있는 팁

❶ 토핑에 다진 마늘과 고춧가루를
   조금 추가하면 느끼한 맛을 덜
   수 있어요.

❷ 새콤한 맛을 좋아한다면, 비벼
   먹기 전에 식초 1큰술을 추가해
   주세요.

🖐 요리해요

1 부추와 대파는 송송 썰어주세요.

2 식용유 1큰술을 두른 팬에 다진 마늘 1큰술
을 넣고 중불로 볶아주세요.

3 마늘이 노릇노릇해지면 돼지고기 다짐육을
넣고 고기가 하얀색으로 변할 때까지 볶아
주세요.

4 분량대로 준비한 양념 재료를 넣고, 수분이
날아갈 때까지 골고루 볶아주세요.

5 도시락통에 밥을 담고, 그 위에 송송 썬 부추
와 대파, 김가루, 후리가케를 가장자리에 담
아주세요.

6 중앙에 양념한 다짐육과 토핑용 달걀노른자
를 얹으면 완성입니다.

> **tip** 녹진한 식감을 위해서 달걀은 노른자로만 준비
> 해 얹어주세요.

우양달카레 덮밥

소요시간
15분

우양달(우유, 양파, 달걀)이 카레와 만나면 부드럽고 고소한 맛이 더욱 커져요.
덮밥 위에 토핑으로 통통한 소시지를 얹어 비주얼까지 사로잡았답니다.

준비해요

[재료]

밥 1공기

양파 1/2개

버터 1큰술 (식용유 대체 가능)

우유 200ml

카레가루 3큰술

달걀 1개

[토핑]

통 소시지 1개

파슬리가루 조금

맛있는 팁

❶ 통 소시지 대신 구운 달걀, 새우
튀김, 돈까스 등 취향에 따라 원
하는 토핑을 얹어서 먹어보세요.

요리해요

1 토핑용 통 소시지는 칼집을 낸 후 에어프라
이어에 180℃로 4~5분간 굽거나 식용유
1큰술을 두른 팬에 약불로 노릇노릇해질 때
까지 구워주세요.

2 양파는 채 썬 후 버터 1큰술을 넣고 볶아주
세요. 강불 > 중불 > 약불 순으로 천천히 볶
으며 캐러멜라이징(갈색으로 변할 때까지
볶기)을 해 주세요.

3 볶은 양파 위에 우유 200ml를 부어주세요.

4 우유가 몽글몽글 끓어오르면 카레가루 3큰
술을 넣고 천천히 섞어주세요.

5 달걀 1개를 풀어서 넣고, 달걀물이 뭉치
지 않도록 골고루 섞어가며 뭉근히 익혀
주세요.

6 도시락통에 밥과 카레를 담은 후 구운 통 소
시지와 파슬리가루로 토핑하면 완성입니다.

훈제연어소보로 덮밥

소요시간
15분

훈제연어의 은은하고 독특한 향과 아삭아삭한 양파, 부드럽고 고소한 스크램블드 에그를
흰쌀밥 위에 듬뿍 얹어 고급스러움과 동시에 담백함을 느낄 수 있는 덮밥이에요.

🥄 준비해요

[재료]

밥 1공기
냉동 훈제연어 100g
양파 1/2개
달걀 2개
우유 50ml
식용유 1큰술

[소스]

① 매콤고소
스리라차 3큰술
마요네즈 2큰술
참기름 1/2큰술

② 단짠단짠
간장 1큰술
맛술 1큰술
참기름 1큰술
식초 1/2큰술
설탕 1/2큰술

[토핑]

파슬리가루 조금
통깨 조금

🍲 맛있는 팁

❶ 덮밥에 어울리는 소스는 2가지
맛(매콤고소, 단짠단짠)으로 준
비했으니 취향에 맞게 선택해서
즐겨보세요.

🥄 요리해요

1 냉동 훈제연어를 전자레인지용 그릇에 담고
랩을 씌워 구멍을 낸 후 3분씩 2~3번에 걸
쳐 골고루 데워주세요.

> **tip** 연어의 수분이 증발되어 뻣뻣해지지 않도록 중
> 간중간 물을 추가해서 데워주는 게 좋아요. 이때
> 연어를 한 번에 데우면 가장자리는 타고 중앙은
> 익지 않으니 중간중간 섞어가며 데워주세요.

2 데운 훈제연어는 포크로 꾹꾹 눌러 으깨주
세요.

3 양파는 잘게 썰어주세요.

> **tip** 양파의 매운맛이 걱정이라면 찬물에 담가 매운
> 기를 빼주세요.

4 달걀 2개와 우유를 섞어 달걀물을 만든 후
식용유 1큰술을 두른 팬에 부어 중불로 스
크램블드 에그를 만들어주세요.

5 도시락통에 밥을 담고 그 위에 양파, 훈제
연어, 스크램블드 에그를 차곡차곡 담아주
세요. 그 위에 토핑용 파슬리가루와 통깨를
뿌려요.

6 작은 볼에 분량대로 준비한 소스 재료를 넣
고 섞어 덮밥에 어울리는 2가지 소스를 만
들면 완성입니다.

| 햄두부 김치볶음 덮밥

소요시간
15분

염분을 잡고 단백질 섭취를 높이기 위해 두부를 함께 구워서 얹었어요.

김치볶음이라는 맛.없.없 근본 조합 위에 햄과 두부의 체크 모양으로 귀여움은 덤이랍니다.

🖐 준비해요

[재료]

밥 1공기

통조림 햄 50g

두부 100g (1/2모)

김치 120g

양파 1/4개

식용유 1큰술

참기름 1큰술

[양념]

고춧가루 1/2큰술

설탕 1/2큰술

🍳 맛있는 팁

❶ 얼린 두부로 요리하면 볶음김치
  의 양념이 쏙쏙 배어 더 맛있게
  먹을 수 있어요.

❷ 통조림 햄은 굽기 전 끓는 물에
  살짝 데쳐서 염분을 제거하면
  건강하게 먹을 수 있어요.

🍲 요리해요

1 통조림 햄과 두부를 같은 크기로 깍둑썰기
해 주세요.

2 햄과 두부를 에어프라이어에 넣어 180℃로
10분간 구워주세요.

> **tip** 에어프라이어 대신 팬에 햄과 두부를 구워도
> 돼요.

3 김치와 양파는 잘게 썰어주세요.

4 식용유 1큰술과 참기름 1큰술을 두른 팬에 김
치와 양파를 넣고 약불로 볶아주세요.

5 양파가 투명해지면 고춧가루 1/2큰술과 설
탕 1/2큰술을 넣고 가볍게 섞어주세요.

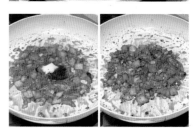

6 밥 위에 김치볶음을 넓게 펼쳐 올리고, 그 위
에 햄과 두부를 체크 모양으로 장식하여 얹
어주면 완성입니다.

> **tip** 큐브 모양 햄과 두부를 자유롭게 담아서 비벼 먹어
> 도 좋아요.

게맛살수프 덮밥

소요시간
15분

달짝지근한 게맛살을 뭉근히 끓여내어 촉촉하고 부드러운 덮밥이에요.
냉장고 속 채소들을 잘게 다져 가득 넣을 수 있어서 좋아요.

준비해요

[재료]
밥 1공기
게맛살(크래미) 72g
팽이버섯 75g (1/2봉)
달걀흰자 1개
물 300ml
냉동 채소 2큰술
다진 대파 1큰술

[전분물]
전분가루 1큰술
물 2큰술

[양념]
맛술 1큰술
굴소스 1/2큰술
다시다 1/2큰술

[토핑]
참기름 1큰술
후춧가루 조금
통깨 조금
부추 1대 (생략 가능)

맛있는 팁

❶ 도시락을 전날 미리 만들어 둘
경우, 물의 양을 늘려 더 묽게 만
들면 다음날 데워 먹을 때 농도
가 딱 맞아요.

요리해요

1 게맛살(크래미)은 잘게 찢어주고 팽이버섯
은 밑동을 제거한 다음 5cm 크기로 잘라주
세요.

2 달걀흰자를 골고루 풀어주세요.

tip 달걀노른자를 함께 넣어도 되지만 달걀흰자만
사용하면 맛이 더 담백해져요.

3 팬에 물 300ml를 붓고 게맛살, 팽이버섯,
냉동 채소, 다진 대파를 넣어 중불로 끓여주
세요.

4 바글바글 끓어오르면 분량대로 준비한 양념
재료를 넣고 2~3분 정도 더 중불로 끓여주
세요.

5 약불로 줄인 후 전분물과 달걀흰자를 동그
랗게 두르고 골고루 저어주세요.

6 도시락통에 밥을 담고 게맛살수프를 얹어준
후 참기름, 후춧가루, 통깨를 뿌리면 완성입
니다.

tip 마지막에 부추를 올리면 더 먹음직스러워져요.

팽이버섯 반반덮밥

소요시간
15분

양파와 팽이버섯의 비슷하면서도 다른 아삭아삭한 식감을 느낄 수 있어요.
한 가지 메뉴를 단짠양념장과 매콤양념장 2가지 맛으로 만들어 골라 먹는 재미가 있어요.

🌿 준비해요

[재료]

밥 1공기
팽이버섯 150g (1봉)
양파 1/2개
다진 대파 2큰술
식용유 1큰술

[양념장]

① 단짠양념장
간장 1큰술
굴소스 1/2큰술
올리고당 1/2큰술
맛술 1큰술

② 매콤양념장
고추장 1/2큰술
간장 1/2큰술
올리고당 1/2큰술
맛술 1큰술

[토핑]

달걀노른자 1개
참기름 1큰술
통깨 조금

🍲 맛있는 팁

❶ 한 가지 맛만 먹고 싶으면 해당
양념장을 2배 분량으로 만들면
돼요.

❷ 달걀노른자는 취향에 따라 달걀
프라이로 대체할 수 있어요.

🌿 요리해요

1 각각 분량대로 준비한 양념장 재료를 섞어 매콤양념장과 단짠양념장 2종을 만들어요.

2 팽이버섯은 밑동을 제거한 후 2~3cm로 자르고, 양파는 잘게 썰어주세요.

3 식용유 1큰술을 두른 팬에 다진 대파를 약불로 볶아 파기름을 낸 후, 양파와 팽이버섯을 넣고 양파가 투명하게 변할 때까지 볶아주세요.

4 팽이버섯볶음을 반으로 나눠 절반은 단짠양념장을 부어 조리고, 나머지 반은 매콤양념장을 부어 조려주세요.

🔖 **tip** 단짠양념장을 먼저 조려주세요.

5 밥 위에 두 가지 맛으로 양념한 팽이버섯을 반반씩 나눠 담아주세요.

6 토핑으로 중앙에 달걀노른자를 얹고 참기름을 두른 후 통깨를 뿌리면 완성입니다.

스팸마늘쫑 덮밥

소요시간
15분

알싸하고 톡톡 씹는 맛이 좋은 마늘쫑에 스팸을 으깨서 함께 볶았어요.
취향껏 청양고추를 추가해 매콤한 한 끼로 만들어보세요.

🍚 준비해요

[재료]

밥 1공기
스팸 100g
마늘쫑 40g
식용유 1큰술
청양고추 1개
홍고추 1/2개
통깨 조금

[양념]

간장 1큰술
굴소스 1/2큰술
설탕 1큰술
맛술 1/2큰술

🍳 맛있는 팁

❶ 마지막에 반숙 달걀프라이를 더
  하면 더 고소하고 부드럽게 먹
  을 수 있어요.

❷ 스팸을 돼지고기 다짐육이나
  소고기 다짐육으로 대체해도
  좋아요.

❸ 매운맛이 걱정이라면 청양
  고추를 제외해주세요.

🍳 요리해요

1 스팸은 칼의 옆면으로 눌러 으깨고 마늘쫑
  은 잘게 썰어주세요.

  > **tip** 투명 비닐 팩에 스팸을 넣고 손으로 조물조물 으
  > 깨도 좋아요.

2 청양고추는 송송 썰고 홍고추는 어슷썰기
  해 주세요.

  > **tip** 홍고추는 비주얼을 위해 어슷썰기 했는데, 청양
  > 고추처럼 썰어도 괜찮아요.

3 식용유 1큰술을 두른 팬에 으깬 스팸을
  넣고 노릇노릇 익을 때까지 중불로 볶아
  주세요.

4 약불로 줄인 후 잘게 썬 마늘쫑을 넣고, 마
  늘쫑이 기름을 머금어 반지르르해질 때까지
  볶아주세요.

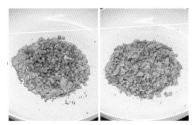

5 분량대로 준비한 양념 재료와 썰어둔 청양
  고추, 홍고추를 넣어 함께 섞으며 1분간 약
  불로 볶아주세요.

6 도시락통에 밥을 담고 스팸마늘쫑볶음을 얹
  은 후 통깨를 뿌리면 완성입니다.

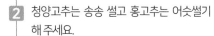
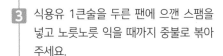
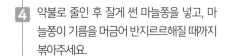

매콤콩불 덮밥

소요시간
20분

매콤한 양념과 아삭한 콩나물의 독특한 식감이 잘 어우러져요.
언제나 맛있게 즐길 수 있는 콩나물 불고기 덮밥입니다.

🍚 준비해요

[재료]

밥 1공기
대패삼겹살 150g
콩나물 100g
양파 1/4개
깻잎 5장
다진 대파 1큰술
참기름 1큰술
통깨 조금

[양념]

고추장 1큰술
고춧가루 1큰술
간장 1큰술
올리고당 1큰술
다진 마늘 1/2큰술
맛술 1/2큰술
후춧가루 조금

😋 맛있는 팁

❶ 절반 정도 먹고 나서 김가루를
   추가로 뿌려서 볶음밥처럼 먹어
   도 맛있어요.

🍳 요리해요

1 분량대로 준비한 양념 재료를 고르게 섞어
주세요.

2 깻잎은 2cm 너비로 자르고 양파는 채 썰어
주세요. 콩나물은 세척 후 시든 뿌리를 정리
해 주세요.

3 기름을 두르지 않은 팬에 양파, 다진 대파,
콩나물, 대패삼겹살, 양념장을 순서대로 넣
고 강불에서 볶아주세요. 콩나물의 숨이 죽
고 물이 나오면 중불로 낮춰주세요.

4 대패삼겹살이 익으면 깻잎을 넣고 함께 섞
으며 볶아주세요.

5 모든 재료에 양념이 입혀지면 불을 끄고 참
기름 1큰술과 통깨를 넣어주세요.

6 도시락통에 밥과 매콤콩불을 담고 통깨를
뿌리면 완성입니다.

> **tip** 도시락통에 넣기 전에 고기와 콩나물을 한입 크
> 기로 자르면 먹기 편해요.

시금치돼지고기 덮밥(팟카파오무쌉)

소요시간
20분

태국의 바질돼지고기 덮밥(팟카파오무쌉)을 한국식으로 재해석한 시금치돼지고기 덮밥이에요.
전반적으로 매콤한 맛이지만 새콤하고 상큼한 맛도 가득 느낄 수 있어요.

🥄 준비해요

[재료]

밥 1공기
돼지고기 다짐육 150g
시금치 2줌
양파 1/4개
다진 마늘 1큰술
청양고추 1개
식용유 1큰술

[소스]

굴소스 1큰술
고춧가루 1큰술
간장 1/2큰술
참치액 1/2큰술
설탕 1큰술
식초 1/2큰술

[토핑]

달걀 1개
식용유 1큰술
페페론치노 1개

🍲 맛있는 팁

❶ 플레이팅 비주얼을 위해 매운 페페론치노를 으깨서 토핑했어요. 매운맛이 힘들다면 홍고추를 조금 잘라 얹어도 좋아요.

👐 요리해요

1 시금치는 뿌리를 제거한 후 한입 크기로 자르고, 양파는 다져요. 청양고추는 송송 썰어주세요.

2 식용유 1큰술을 두른 팬에 다진 양파, 다진 마늘, 청양고추를 넣고 중불로 볶아주세요. 양파가 투명해지면, 다짐육을 넣고 뭉치지 않도록 잘 풀어주며 함께 볶아주세요.

3 다짐육이 하얗게 변하며 어느 정도 익으면, 시금치를 넣어주세요.

4 시금치의 숨이 죽었다면, 분량대로 준비한 소스 재료를 넣고 수분이 사라질 때까지 볶아주세요.

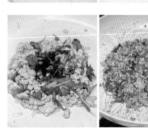

5 식용유 1큰술을 두른 팬에 달걀을 깨서 넣고 강불에 튀기듯이 달걀프라이를 해주세요.

6 도시락통에 밥을 넣고 시금치돼지고기와 바싹 튀긴 달걀프라이를 얹으면 완성입니다.

가지애호박 된장소스 덮밥

소요시간
20분

가지와 애호박에 전분을 묻혀 구우면 겉은 바삭하고 쫄깃하며 속은 부드럽고 고소해요.
된장 베이스로 끓인 짭조름한 소스가 두 채소와 궁합이 참 잘 맞아요.

* 가지의 물렁물렁한 식감이 불편해 좋아하지 않았거나 가지에 처음 도전하시는 분들에게 추천하는 메뉴예요.

준비해요

[재료]

밥 1공기
가지 1/2개
애호박 1/2개
양파 1/4개
소금 조금
전분가루 1큰술
식용유 1큰술
다진 대파 1큰술

[된장소스]

된장 1/2큰술
다진 마늘 1/2큰술
간장 1큰술
설탕 1큰술
맛술 1큰술
들기름 1큰술
후춧가루 조금
물 100ml

[토핑]

달걀노른자 1개
통깨 조금

맛있는 팁

❶ 덮밥에 달걀노른자를 추가하면 된장소스의 짠맛이 중화되어 고소하게 즐길 수 있어요.

❷ 달걀노른자 대신 반숙 달걀프라이도 괜찮아요.

❸ 도시락을 쌀 때 가지&애호박 구이를 따로 담아간 후 먹기 전에 얹으면 눅눅하지 않게 먹을 수 있어요.

요리해요

1 가지와 애호박은 1cm 정도로 두껍게 썰고 한쪽 면에 가로세로 칼집을 내주세요. 양파는 채 썰어주세요.

> tip 가지와 애호박에 칼집을 내주면 구울 때 빨리 익어요.

2 가지와 애호박의 앞뒤에 소금을 조금 뿌리고 5분간 기다린 후 키친타월로 물기를 흡수시켜요.

3 가지와 애호박의 앞뒤에 전분가루를 얇게 골고루 묻혀주세요.

> tip 가지와 애호박에 전분가루를 묻힐 때, 투명 비닐팩 안에 넣고 흔들면 더 빠르게 골고루 묻힐 수 있어요.

4 식용유 1큰술을 두른 팬에 가지와 애호박의 칼집 낸 부분을 아래로 향하게 한 후 중불로 구워주세요. 앞뒤가 다 구워지면 다른 그릇에 옮겨 놓아주세요.

5 채 썬 양파와 다진 대파, 분량대로 준비한 된장소스 재료를 붓고 바글바글 끓어오를 때까지 약불로 조려주세요.

6 도시락통에 밥을 담고 된장소스를 올린 후 구운 가지와 애호박을 담아요. 가운데에 달걀노른자를 올리고 통깨를 뿌리면 완성입니다.

돼지불백 깻잎마요 덮밥

소요시간
20분

부드러우면서 짭조름한 돼지불백에 깻잎과 마요네즈로 고소함을 더해 맛있어요.
기사식당의 돼지불백처럼 쌈을 싸 먹지 않아도 한 그릇 덮밥으로 편하게 먹을 수 있어요.

준비해요

[재료]

밥 1공기
대패 돼지고기 200g
양파 1/2개
깻잎 5장
후리가케 1큰술
식용유 1큰술

[불고기양념]

간장 2큰술
다진 마늘 1큰술
다진 대파 1큰술
맛술 1큰술
설탕 1큰술
후춧가루 적당량

[토핑]

마요네즈 적당량
통깨 적당량

맛있는 팁

❶ 대패 고기 종류는 상관없이 가
능해요. 취향껏 선택해주세요.

❷ 고추장을 조금 넣고 밥에 올려
비벼 먹어도 맛있어요.

요리해요

1 대패 돼지고기에 분량대로 준비한 불고기
양념 재료를 섞고 10분간 재워주세요.

2 양파는 채 썰고 깻잎은 잘게 잘라주세요.

3 깻잎에 후리가케 1큰술을 넣고 버무려주
세요.

4 식용유 1큰술을 두른 팬에 양념에 재워놓은
대패 돼지고기와 채 썬 양파를 넣고 중약불
로 노릇노릇 익혀주세요. 이때 고기가 뭉치
지 않도록 풀어주며 골고루 익혀주세요.

5 도시락통에 밥과 양념한 대패 돼지고기를
담고 **3**번에서 만든 깻잎을 얹어주세요.

6 깻잎 위에 마요네즈를 적당량 뿌리고 통깨
로 토핑하면 완성입니다.

매콤구운치킨 덮밥

소요시간
20분

시중에 파는 숯불 닭고기 맛을 구현한 취향 저격 덮밥 요리.
팬에 구워 깔끔하고 담백한 닭고기에 매콤달콤한 양념 베이스로 맛있게 먹을 수 있어요.

🍚 준비해요

[재료]

밥 1공기

닭다리살 200g

다진 대파 1큰술

청양고추 2개

식용유 1큰술

[양념]

간장 2큰술

올리고당 2큰술

다진 마늘 1큰술

고춧가루 1큰술

케첩 1큰술

맛술 1큰술

굴소스 1큰술

다시다 1/2큰술

[토핑]

통깨 조금

🍳 맛있는 팁

❶ 닭다리살 대신 닭가슴살로 대체
하면 담백하게 먹을 수 있어요.

❷ 사이드로 치킨무와 웨지감자를
곁들이면 외식하는 기분이 들
어요.

🤲 요리해요

1 양념 재료를 분량대로 섞어주세요.

2 청양고추는 잘게 썰어주세요.

3 식용유 1큰술을 두른 팬에 닭다리살의 껍질
부분을 튀기듯이 중불로 구워주세요.

4 닭다리살의 겉면이 하얗게 변하며 앞뒤로
어느 정도 익었다면, 약불로 줄이고 한입 크
기로 먹기 좋게 잘라주세요.

5 분량대로 준비한 양념 재료와 다진 대파, 청
양고추를 넣고 함께 섞어가며 양념을 조려
주세요.

6 밥 위에 양념한 닭다리살을 얹어준 후 통깨
를 뿌리면 완성입니다.

데리야끼치킨 양배추 덮밥

소요시간
20분

부드럽고 촉촉한 닭고기와 아삭한 양배추로 식감이 즐거운 한 끼.
단짠단짠 소스와 고소한 달걀노른자까지 더해 언제 먹어도 맛있어요.

🍳 준비해요

[재료]

밥 1공기

닭다리살 200g

양배추 50g

양파 1/4개

후춧가루 조금

전분가루 1큰술

식용유 1큰술

물 100ml

[소스]

간장 3큰술

맛술 2큰술

설탕 1큰술

[토핑]

달걀노른자 1개

다진 대파 1큰술

후리가케 조금

🍲 맛있는 팁

❶ 하루 전날 닭고기에 닭고기에
   맛술을 뿌려 재워두면, 잡내가
   사라져서 더 깔끔하게 즐길 수
   있어요.

🍳 요리해요

1 양배추와 양파는 채 썰어주세요.

> tip 양배추는 채칼로 얇게 슬라이스 해도 좋아요.

2 닭다리살은 칼등으로 살살 내리쳐서 납작하
   게 한 후 후춧가루를 뿌리고 앞뒤로 전분가
   루를 묻혀주세요.

3 식용유 1큰술을 두른 팬에 중불로 닭다리살
   의 껍질 부분을 아래로 향하게 구워주세요.
   한 면을 다 구웠다면 닭다리살을 반대로 뒤
   집은 후 채 썬 양파를 넣어 볶아주세요.

4 양파가 투명해지면 분량대로 준비한 소스
   재료를 넣고 닭다리살과 함께 조려주세요.

> tip 다 조렸다면 닭다리살은 그릇에 옮겨주세요.

5 남은 양념에 물 100ml를 추가해 팬에 붙은
   육즙과 양념을 풀어서 소스를 만들어요. 옮
   겨 두었던 양념 닭다리살은 먹기 좋은 크기
   로 잘라주세요.

6 도시락통에 밥과 채 썬 양배추를 담고, 양념
   닭다리살을 얹은 후 소스를 뿌려주세요. 그
   다음 달걀노른자를 올리고, 후리가케와 다
   진 대파를 뿌리면 완성입니다.

훈제오리달걀 덮밥

소요시간
20분

훈제오리 사이사이에 달걀이 촉촉하게 스며들어 부드럽게 맛볼 수 있어요.
훈제오리 향과 부추 향이 참 잘 어울린답니다.

🥄 준비해요

[재료]

밥 1공기
훈제오리 150g
양파 1/4개
부추 한 줌
달걀 2개

[양념]

간장 1큰술
설탕 1큰술
올리고당 1큰술
맛술 1큰술
다진 마늘 1/2큰술
후춧가루 조금

[토핑]

통깨 조금

🍲 맛있는 팁

❶ 훈제오리를 찜기에 쪄서 데우면
기름기를 줄여 더 담백하게 먹
을 수 있어요.

🥢 요리해요

1 분량대로 준비한 양념 재료를 섞어주세요.

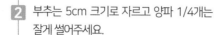

2 부추는 5cm 크기로 자르고 양파 1/4개는
잘게 썰어주세요.

3 기름을 두르지 않은 팬에 양파와 훈제오리
를 넣고 중불로 익혀주세요.

> **tip** 훈제오리를 바깥에 두르고 중앙에 양파를 익혀
> 주세요.

4 양파가 투명해지면 약불로 줄이고, 분량대
로 준비한 양념 재료를 훈제오리에 넣어 양
파와 함께 섞어주세요. 그다음 달걀을 풀어
넣고 섞지 않은 채 1~2분간 기다려주세요.

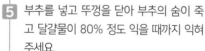

5 부추를 넣고 뚜껑을 닫아 부추의 숨이 죽
고 달걀물이 80% 정도 익을 때까지 익혀
주세요.

6 도시락통에 밥과 훈제오리달걀을 담고 통깨
를 뿌리면 완성입니다.

스키야키 덮밥

소요시간
20분

일본식 전골 요리인 스키야키를 한 그릇 덮밥으로 만들어봤어요.
달짝지근한 소스에 얇은 소고기, 촉촉한 달걀노른자와
느타리버섯의 쫄깃한 식감이 마음에 들어요.

🖐 준비해요

[재료]

밥 1공기
소고기(샤브샤브용) 150g
느타리버섯 50g
양파 1/4개
다진 대파 1큰술
달걀노른자 1개
식용유 1큰술
물 100ml

[양념]

간장 1.5큰술
맛술 1큰술
다진 마늘 1큰술
설탕 1/2큰술
후춧가루 적당량

[토핑]

다진 대파 조금
통깨 적당량
고추냉이 취향껏

😋 맛있는 팁

❶ 두부를 따로 구워서 넣어도 담
　백하고 맛있게 즐길 수 있어요.

❷ 버섯과 함께 청경채를 추가하면
　아삭한 식감이 업!

🖐 요리해요

1 양파는 채 썰고 느타리버섯은 밑동을 자른 후 결대로 뜯어주세요.

2 식용유 1큰술을 두른 팬에 채 썬 양파와 다진 대파 1큰술을 넣고 약불로 볶아주세요.

3 양파가 투명해지면 느타리버섯, 물 100ml, 분량대로 준비한 양념 재료를 넣어 함께 섞어주세요.

4 바글바글 끓어오르면 샤브샤브용 소고기를 넓게 펼쳐서 넣은 후 앞뒤로 골고루 익혀주세요.

5 도시락통에 밥을 담고 그 위에 양념한 샤브샤브용 소고기를 펼쳐서 얹은 후 중앙에 달걀노른자를 올려 주세요.

6 토핑으로 통깨와 대파를 추가하고 고추냉이를 취향껏 곁들이면 완성입니다.

돼지목살 찹스테이크 덮밥

소요시간
25분

새콤달콤한 소스가 돼지고기 목살의 기름진 맛을 잡아 담백해요.

알록달록한 색상의 채소가 씹는 맛을 더해 맛과 영양을 한입에 먹을 수 있어요.

준비해요

[재료]

밥 1공기
돼지고기 목살 150g
브로콜리 1/4개
파프리카(빨/노) 각 1/2개
양파 1/4개
통마늘 5개
버터 1큰술
소금 1꼬집
후춧가루 조금

[소스]

케첩 1.5큰술
굴소스 1/2큰술
맛술 1/2큰술
올리고당 1큰술

[토핑]

통깨 조금

맛있는 팁

❶ 버섯, 메추리알, 피망 등 다양한
   재료를 덮밥에 넣을 수 있어요.

❷ 냉장고 속 자투리 채소를 처리
   하기 딱 좋아요!

요리해요

1 돼지고기 목살은 한입 크기로 자르고 소금
1꼬집과 후춧가루로 밑간한 후 10분간 재
워주세요.

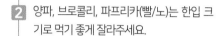

2 양파, 브로콜리, 파프리카(빨/노)는 한입 크
기로 먹기 좋게 잘라주세요.

3 버터 1큰술을 녹인 팬에 돼지고기 목살과
통마늘을 넣은 후 중불로 볶아주세요.

4 돼지고기 목살의 겉면에 살짝 갈색빛이 돌
면, 썰어둔 채소들을 넣고 1분간 가볍게 볶
아주세요.

5 분량대로 준비한 소스 재료를 붓고 양파가
투명해질 때까지 볶아주세요.

6 도시락통에 밥과 돼지목살 찹스테이크를
담은 후 통깨를 뿌리면 완성입니다.

| 양배추닭갈비 덮밥

소요시간
30분

불맛을 입힌 채소와 부드러운 닭다리살에 매콤달콤한 소스의 조합!

든든한 철판 닭갈비 요리를 먹는 것 같아요.

🖐 준비해요

[재료]

밥 1공기
닭다리살 200g
양배추 50g
양파 1/4개
청양고추 1개
대파 1/2대
식용유 2큰술

[양념]

고추장 2큰술
고춧가루 2큰술
맛술 2큰술
다진 마늘 2큰술
설탕 2큰술
참기름 2큰술
카레가루 1큰술
간장 1큰술
통깨 1큰술
후춧가루 조금

[토핑]

슬라이스 치즈 1장
통깨 조금

🍳 맛있는 팁

❶ 철판 닭갈비처럼 깻잎과 쌈무에
  싸 먹으면 맛있어요.

❷ 토핑으로 슬라이스 치즈를 올리
  면 고소해요.

🖐 요리해요

1 닭다리살을 한입 크기로 자르고, 분량대로
준비한 양념 재료와 섞은 후 10분간 재워
주세요.

> **tip** 닭고기는 양념 재료에 하루 이상 재워두면 양념
> 이 잘 배어 더 맛있어져요.

2 양파와 양배추는 큼직하게 썰어주세요. 대
파는 2~3cm 크기로 자르고 청양고추는 송
송 썰어주세요.

3 식용유 2큰술을 두른 팬에 대파를 넣은 후
중불로 볶아 파기름을 내주세요.

4 파 향이 올라오면 손질해둔 양파, 양배추, 청
양고추를 넣고 가볍게 볶아주세요.

5 양파가 투명해지면 약불로 줄인 후 양념에
재운 닭다리살을 넣고 채소와 함께 섞어주
세요. 그다음 채소를 닭다리살 위로 올라오
게 한 후 그대로 익혀주세요.

6 도시락통에 밥을 담고 그 위에 닭갈비를 얹
은 후 슬라이스 치즈 1장과 통깨로 토핑하
면 완성입니다.

삼겹살장조림 덮밥(팃코따우)

소요시간
30분

베트남의 돼지고기조림인 팃코따우를 한국식 장조림 덮밥으로 재해석했어요.
바싹 구운 삼겹살에 더한 양념이 달달하고 짭조름해서 밥도둑이 따로 없어요.

🥄 준비해요

[재료]

밥 1공기

삼겹살 150g

양파 1/4개

통마늘 5개

삶은 메추리알 8~10개

코코넛 워터 180ml

설탕 1/2큰술

식용유 1큰술

[양념]

간장 1큰술

참치액 1큰술

설탕 1/2큰술

페페론치노 2개

[토핑]

다진 대파 1/2큰술

후리가케 조금

🍳 맛있는 팁

❶ 고수를 넣으면 동남아 현지의 향이 물씬!

❷ 땅콩 분태를 넣으면 더 고소하게 즐길 수 있어요.

🥄 요리해요

1 삼겹살은 한입 크기로 자르고 양파는 채 썰어주세요.

2 식용유 1큰술을 두른 팬에 중불로 삼겹살을 튀기듯이 구워주세요.

3 삼겹살의 겉면이 하얘졌다면 약불로 줄인 후 설탕 1/2큰술을 넣고 앞뒤로 노릇노릇 익혀주세요.

> **tip** 설탕은 색감과 코팅을 위해 넣어요. 설탕을 넣는 순간 탈 수 있기 때문에 불 조절을 하며 재빠르게 구워야 해요.

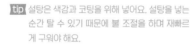

4 통마늘 5개, 채 썬 양파, 분량대로 준비한 양념 재료를 넣고 가볍게 섞어주세요.

5 강불로 올린 후 삶은 메추리알과 코코넛 워터 180ml를 넣고 휘저어가며 빠르게 조려주세요.

6 도시락통에 밥과 삼겹살장조림을 담고, 다진 대파와 후리가케를 뿌려 토핑하면 완성입니다.

볶음밥 & 비빔밥

PART
2

목살쯔란 볶음밥

소요시간
15분

양꼬치에 찍어 먹는 쯔란가루를 돼지고기 목살과 함께 볶아내어 특색있어요.

알싸하고 식감 좋은 마늘쫑과도 잘 어울려서 또 생각이 나는 맛이에요.

준비해요

[재료]

밥 1공기

돼지고기 목살 200g

양파 1/4개

마늘쫑 40g

다진 대파 1큰술

식용유 1큰술

참기름 1큰술

[양념]

쯔란가루 2큰술

굴소스 1/2큰술

맛있는 팁

❶ 볶음밥을 만들 때 주걱을 세워 서 볶으면 밥알이 뭉개지지 않아 고슬고슬한 맛을 느낄 수 있어요.

❷ 마늘쫑 대신 마늘플레이크(마늘 튀김)를 넣어줘도 괜찮아요.

요리해요

1 돼지고기 목살을 한입 크기로 자르고 양파 를 채 썰고 마늘쫑을 잘게 썰어주세요.

2 식용유 1큰술을 두른 팬에 다진 대파를 볶 아주세요. 파기름이 나오면 썰어둔 양파를 넣고 가볍게 볶아주세요.

3 양파가 투명해지면 돼지고기 목살을 넣고 앞뒤로 80% 정도 익힌 후 쯔란가루 2큰술 과 굴소스 1/2큰술을 넣어주세요.

4 돼지고기 목살과 채소에 양념을 골고루 입 히며 볶아주세요.

5 밥을 넣고 주걱을 세워서 함께 볶아주세요.

6 불을 끈 후 잘게 썬 마늘쫑과 참기름 1큰 술을 넣고 가볍게 섞어 마무리하면 완성 입니다.

만두달걀 볶음밥

소요시간
20분

그냥 먹어도 맛있는 만두를 활용한 볶음밥이에요.
달걀을 추가하여 한입만 먹어도 입안 가득 퍼지는 고소함을 느낄 수 있어요.

준비해요

[재료]

밥 1공기

냉동 만두 2~3개

편마늘 1큰술

다진 대파 1큰술

달걀 1개

식용유 2큰술

[양념]

굴소스 1/2큰술

참기름 1큰술

통깨 조금

맛있는 팁

❶ 식용유 대신 버터를 쓰면 더 진한 풍미를 느낄 수 있어요.

요리해요

1 냉동 만두를 전자레인지에 3분간 해동한 후 가위로 만두피를 제거하고 만두소만 남겨주세요.

2 식용유 1큰술을 두른 팬에 다진 대파와 편마늘을 넣고 중불로 볶아주세요.

3 마늘이 노릇노릇해지면 밥과 손질해놓은 만두소를 넣고 함께 볶아주세요.

4 볶음밥을 팬의 한편으로 이동시킨 후 식용유 1큰술을 두르고 달걀 1개를 넣어 스크램블드 에그를 만들어주세요.

5 볶음밥과 스크램블드 에그를 섞어준 후 굴소스 1/2큰술을 넣고 함께 섞어주세요.

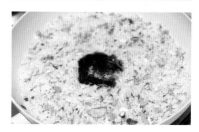

6 불을 끈 후 참기름 1큰술을 둘러주고 통깨를 솔솔 뿌려주면 완성입니다.

| 명란묵은지 볶음밥

소요시간 20분

톡톡 터지는 짭짤한 명란젓과 아삭하고 시원한 묵은지가 어우러져
별다른 간을 하지 않아도 맛있는 볶음밥이에요.
고소한 들기름으로 볶아내어 오래도록 기억에 남아요.

준비해요

[재료]

밥 1공기
명란젓 60g (1덩이)
묵은지 90g
다진 대파 1큰술
달걀 1개
식용유 2큰술
들기름 1큰술

[토핑]

파슬리가루 조금
통깨 조금

맛있는 팁

❶ 명란 특유의 향이 힘들다면 마요네즈를 추가해서 부드럽고 중화된 맛과 향을 즐겨보세요.

요리해요

1 묵은지를 흐르는 물에 씻은 후 꼭 짜서 잘게 썰고, 명란젓은 껍질을 제거해 알만 남겨주세요.

2 달걀 1개를 볼에 골고루 풀어주세요.

3 식용유 1큰술을 두른 팬에 다진 대파를 넣고 중불에 볶아주세요. 대파가 노릇노릇해지면 달걀물을 부어 스크램블드 에그를 만들어요.

> tip 스크램블드 에그는 다른 그릇에 잠시 옮겨 두고 같은 팬으로 이어서 요리해요.

4 식용유 1큰술과 들기름 1큰술을 동시에 넣고 씻은 묵은지를 볶다가 명란젓을 추가해 함께 볶아주세요.

> tip 이때 명란젓은 반만 넣고 볶아요. 나머지 반은 마지막에 플레이팅으로 쓸 거예요.

5 밥을 넣고 골고루 섞어가며 볶아주세요.

6 도시락통에 볶음밥을 담고 스크램블드 에그를 얹은 후 남겨둔 토핑용 명란젓과 파슬리가루, 통깨를 솔솔 뿌려 마무리하면 완성입니다.

로제치즈 오므라이스

소요시간
20분

햄볶음밥에 치즈&달걀 이불을 덮은 로제치즈 오므라이스.
달달하고 고소해서 맛있는, 학교 앞에서 먹던 치즈 그라탱이 생각나는 메뉴예요.

🖐 준비해요

[재료]

밥 1공기
통조림 햄 25g
양파 1/4개
버터 1큰술
냉동 채소 2큰술
슬라이스 치즈 2장
피자치즈 한 줌

[소스]

로제소스 2큰술
케첩 1/2큰술

[달걀물]

달걀 2개
우유 1큰술
소금 1꼬집

🍳 맛있는 팁

❶ 오므라이스 위에 로제소스 1큰술과 파슬리가루로 플레이팅하면 더욱 먹음직스러워요.

❷ 도시락을 쌀 때 2분만 데워서 포장하고, 점심시간 때 전자레인지에 3분을 추가로 데우면 맛있게 먹을 수 있어요.

🖐 요리해요

1 통조림 햄은 네모반듯한 모양으로 깍둑썰고 양파는 잘게 잘라주세요.

2 기름을 두르지 않은 팬에 햄과 양파를 넣고 약불에 볶아주세요.

3 양파가 투명해지면 밥과 버터, 냉동 채소 2큰술을 넣고 뭉치지 않게 풀어주세요.

> **tip** 밥과 버터를 먼저 넣은 후 버터가 녹으면 냉동 채소를 넣어주세요.

4 밥알에 버터 코팅이 되었으면, 로제소스 2큰술과 케첩 1/2큰술을 넣어 섞어주세요.

5 전자레인지용 도시락통에 로제볶음밥을 넣고 달걀물을 넣은 후 슬라이스 치즈와 피자치즈를 순서대로 덮어주세요.

6 랩을 씌운 후 포크로 구멍을 2~3차례 뚫고 전자레인지에 5분간 데우면 완성입니다.

참치미역 볶음밥

소요시간
20분

몸에 좋은 미역을 볶음밥 재료로 넣으면 색다른 매력이 있어요.

고소한 참치와 찰떡궁합인 미역볶음밥. 생일이 아니어도 맛있게 먹을 수 있어요.

준비해요

[재료]

밥 1공기

자른 미역 3g

통조림 참치 100g

편마늘 1큰술

올리브유 1큰술

다진 대파 1큰술

양파 1/4개 (잘게 다져서 사용)

[미역양념]

간장 1/2큰술

다진 마늘 1/2큰술

[양념]

간장 1큰술

올리고당 1큰술

참기름 1큰술

후춧가루 조금

[토핑]

통깨 조금

맛있는 팁

❶ 완성된 볶음밥에 참기름을 추가
하면 참치 특유의 텁텁함을 줄
여 더욱 고소하고 부드럽게 즐
길 수 있어요.

요리해요

1 자른 미역은 찬물에 담가 10분 정도 불
린 후 분량대로 준비한 미역양념과 섞어
주세요.

2 체에 밭쳐 참치의 기름을 제거해주세요.

3 올리브유 1큰술을 두른 팬에 편마늘을 약불
로 노릇하게 볶아주세요.

4 구운 편마늘 위에 기름을 제거한 참치와
양념한 미역을 넣어 가볍게 볶아주세요.

5 분량대로 준비한 양념 재료와 다진 대파,
다진 양파를 넣고 양념 수분을 없애가며
볶아주세요.

6 밥을 넣고 밥알이 뭉치지 않게 주걱을 세워
가며 볶아준 후 통깨를 뿌리면 완성입니다.

양배추목살 볶음밥

소요시간
20분

익숙한 굴소스에 카레가루를 조금 섞으면 볶음밥 소스로 별미예요.

속 편한 양배추를 가득 먹을 수 있고 돼지고기 목살이 들어가 든든한 볶음밥이랍니다.

🖐 준비해요

[재료]

밥 1공기
양배추 100g
돼지고기 목살 100g
식용유 1큰술
편마늘 1큰술
참기름 1큰술

[소스]

굴소스 1큰술
카레가루 1/2큰술
소금&후춧가루 조금

[토핑]

고춧가루 조금
통깨 조금

🍳 맛있는 팁

❶ 돼지고기 목살 이외에 베이컨, 크래미, 햄, 소시지, 참치 등 취향에 따라 선택하면 돼요.

❷ 느끼한 맛을 잡고 매운맛을 높이고 싶으면 볶음밥에 페페론치노를 넣어주세요.

🌸 요리해요

1 양배추와 돼지고기 목살은 한입 크기로 썰어주세요.

2 식용유 1큰술을 두른 팬에 편마늘과 돼지고기 목살을 중약불로 볶아주세요.

3 돼지고기 목살의 겉면이 하얗게 익으면 양배추를 넣고 1분간 볶아주세요.

4 밥과 굴소스 1큰술, 카레가루 1/2큰술을 넣고 골고루 섞으며 볶아주세요.

5 소금&후춧가루로 간을 한 후 불을 끄고 참기름 1큰술을 둘러주세요.

> **tip** 소금&후춧가루는 맛을 본 후 약간 슴슴하게 느껴진다면 추가해주세요.

6 도시락통에 담은 후 고춧가루 조금과 통깨를 뿌리면 완성입니다.

김치꽁치 카레볶음밥

소요시간
20분

카레의 풍미를 즐길 수 있는 색다른 김치꽁치 카레볶음밥이에요.
씻은 김치라 과하게 맵지 않으면서 꽁치와 만나 고소한 맛이 있어요.

준비해요

[재료]
밥 1공기
김치 75g
통조림 꽁치 3조각
다진 대파 흰부분 1큰술
식용유 1큰술

[꽁치밑간]
맛술 1큰술
소금 1꼬집
후춧가루 조금

[양념]
카레가루 2큰술
참기름 조금

[토핑]
파슬리가루 조금
통깨 조금

맛있는 팁

❶ 대파 흰 부분은 초록 부분보다 두꺼워서 타는 속도가 줄어 볶음밥에 자주 사용해요.

❷ 통조림 꽁치 대신 통조림 참치, 다짐육, 통조림 햄을 활용해도 좋아요.

요리해요

1 꽁치는 체에 밭쳐 으깨며 물기를 제거해주세요.

2 으깬 꽁치에 맛술 1큰술과 소금 1꼬집, 후춧가루 조금을 더해 밑간하며 섞어주세요.

3 김치는 흐르는 물에 양념을 씻어낸 뒤 굵게 다져주세요.

4 식용유 1큰술을 두른 팬에 다진 대파를 약불로 볶아서 파기름을 낸 후 밑간한 꽁치와 김치를 넣고 볶아주세요.

5 김치가 기름에 코팅이 됐다면, 밥, 카레가루, 참기름을 동시에 넣고 밥알이 뭉개지지 않도록 주걱을 세워서 볶아주세요.

6 도시락통에 볶음밥을 담고 파슬리가루와 통깨를 조금 뿌리면 완성입니다.

소시지 마라볶음밥

소요시간
20분

고추장 베이스로 만들어 마라 초심자도 쉽게 도전할 수 있어요.
매콤하고 얼얼한 맛을 좋아한다면 취향 저격일 거예요.

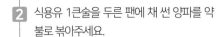 준비해요

[재료]

밥 1공기

비엔나소시지 10개

팽이버섯 75g (1/2봉)

양파 1/4개

볶음용 포두부 20g

식용유 1큰술

[양념]

고추장 1/2큰술

고춧가루 1/2큰술

굴소스 1/2큰술

마라소스 1큰술

설탕 1큰술

후춧가루 조금

[토핑]

다진 대파 1/2큰술

통깨 조금

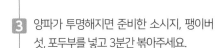 맛있는 팁

❶ 포두부 대신 어묵으로 대체 가
능해요.

❷ 팽이버섯 대신 새송이 혹은 총
알버섯 등 다른 버섯으로 대체
가능해요.

 요리해요

1 소시지 10개 중 7개는 편썰기하고 나머지 3개는 토핑용으로 칼집을 내주세요. 양파는 1cm 두께로 채 썰고, 팽이버섯은 밑동을 다듬은 후 결대로 찢어주고, 볶음용 포두부는 해동해주세요.

2 식용유 1큰술을 두른 팬에 채 썬 양파를 약불로 볶아주세요.

3 양파가 투명해지면 준비한 소시지, 팽이버섯, 포두부를 넣고 3분간 볶아주세요.

4 분량대로 준비한 양념 재료를 넣은 후 골고루 섞어주세요.

5 밥을 넣고 밥알에 양념이 입혀지도록 섞으며 볶아주세요.

6 도시락통에 마라볶음밥을 담고 다진 대파와 통깨를 뿌려주면 완성입니다.

고깃집 김치볶음밥

고깃집에서 먹던 매콤하고 자극적인 맛의 볶음밥에 김치를 더했어요.
테두리에 달걀 치즈 크러스트를 추가해서 맛있게 즐기세요!

*집에서 고기를 구워 먹은 후 애매하게 남은 고기를 해결하는 방법으로도 좋아요.

🖐 준비해요

[재료]

밥 1공기

김치 120g

삼겹살 100g

(목살, 베이컨 등 모두 가능)

다진 대파 1큰술

식용유 1큰술

[치즈달걀물]

달걀 2개

피자치즈 30g

[김치양념]

간장 1큰술

고춧가루 1/2큰술

고추장 1/2큰술

설탕 1/2큰술

참기름 1큰술

[토핑]

후리가케 조금

(김가루, 통깨 대체 가능)

🍳 맛있는 팁

❶ 달걀물에 콘옥수수를 추가하면
톡톡 터지는 식감이 배가 돼요.

❷ 치즈달걀물은 다른 도시락통에
데워서 달걀찜처럼 가져가도 좋
아요.

🖐 요리해요

1 김치는 잘게 다지고 준비한 김치양념과 버
무려주세요.

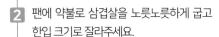

2 팬에 약불로 삼겹살을 노릇노릇하게 굽고
한입 크기로 잘라주세요.

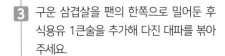

3 구운 삼겹살을 팬의 한쪽으로 밀어둔 후
식용유 1큰술을 추가해 다진 대파를 볶아
주세요.

4 대파의 숨이 죽으면, 양념한 김치를 넣고 골
고루 볶아주세요.

5 불을 끈 후 밥을 넣고 함께 섞어주세요.

6 볶음밥을 도시락통 가운데에 볼록하게 담
고, 테두리에 치즈달걀물을 분량대로 섞어
서 부어준 후 전자레인지에 2~3분 데워주
면 완성입니다.

tip 토핑으로 후리가케를 뿌려주면 더 먹음직스러
워져요.

크래미 오이볶음밥

소요시간
20분

오이를 볶고 크래미를 추가해 담백하면서 감칠맛 있는 볶음밥이에요.
따뜻한 오이볶음밥에 한번 빠지면 헤어나올 수 없답니다.

준비해요

[재료]

밥 1공기
크래미 100g
오이 1/2개
다진 대파 1큰술
다진 마늘 1큰술
식용유 1큰술

[양념]

굴소스 1큰술
간장 1/2큰술
설탕 1/2큰술

[토핑]

참기름 1/2큰술
후춧가루 조금
통깨 조금

맛있는 팁

❶ 크래미 대신 냉동 새우, 훈제오
리 슬라이스, 달걀 등으로 대체
해도 좋아요.

❷ 매콤한 맛을 추가하고 싶으면
페페론치노 또는 고춧가루를 추
가해 주세요.

요리해요

1 크래미를 결대로 잘게 찢어주세요.

2 오이를 1cm 크기로 십자썰기 해주세요.

3 식용유 1큰술을 두른 팬에 다진 마늘, 다진
대파를 넣고 약불로 볶아주세요.

4 마늘이 노릇노릇해지면 오이를 넣고 1분간
볶아주세요.

5 밥과 크래미, 분량대로 준비한 양념 재료를
동시에 넣고 볶아주세요.

6 불을 끄고 참기름 1/2큰술, 후춧가루와 통
깨 조금을 추가하면 완성입니다.

후식 볶음밥

소요시간
25분

한국인이라면 K-후식 볶음밥을 빼놓을 수 없죠.
유명 칼국수집 후식 볶음밥 맛을 재현해봤어요.
칼칼하면서도 촉촉한 볶음밥이 매력적이랍니다.

준비해요

[재료]

밥 1공기

소고기(샤브샤브용) 100g

느타리버섯 35g

식용유 1큰술

[채소달걀물]

냉동 채소 2큰술

달걀 2개

[양념장]

고추장 1큰술

된장 1/3큰술

간장 1큰술

다진 마늘 1/2큰술

후춧가루 조금

물 200ml

[토핑]

참기름 1큰술

통깨 조금

맛있는 팁

❶ 냉동 채소 대신 냉장고에 남아
   있는 자투리 채소(당근, 피망
   등)를 사용해도 좋아요.

❷ 김치와 같이 먹으면 더 맛있어요.

요리해요

1 볼에 냉동 채소 2큰술과 달걀 2개를 넣고 골고루 풀어 채소달걀물을 만들어요. 느타리버섯은 손으로 찢고, 샤브샤브용 소고기는 한입 크기로 잘라주세요.

2 식용유 1큰술을 두른 팬에 샤브샤브용 소고기를 약불로 구워주세요.

3 소고기가 익었다면 느타리버섯과 분량대로 준비한 양념장을 넣어서 섞어주세요.

4 바글바글 끓여졌다면, 밥을 넣고 함께 섞어주세요.

5 채소달걀물을 넓게 뿌려준 후 볶음밥과 함께 골고루 섞어가며 익혀주세요. 달걀물이 익었다면 불을 꺼 주세요.

6 도시락통에 담아 참기름 1큰술과 통깨를 뿌리면 완성입니다.

새우달걀부추 비빔밥

소요시간
10분

매콤하고 크리미한 소스와 버터로 볶아낸 토핑이 잘 어울리는 비빔밥!
스리마요소스를 버무린 부추와 버터를 더한 새우, 스크램블드 에그를 더해 만들어보세요.

준비해요

[재료]

밥 1공기

냉동 새우 5마리

부추 한 줌

달걀 2개

버터 1큰술

[스리마요소스]

스리라차 1큰술

마요네즈 2큰술

[토핑]

후리가케 조금

맛있는 팁

❶ 냉동 새우 대신에 통조림 참치
혹은 훈제연어를 넣어도 맛있
어요.

요리해요

1 냉동 새우는 물에 담가 해동해주세요.

2 부추는 깨끗이 씻은 후 3cm 크기로 잘라주
세요.

3 부추에 분량대로 준비한 스리마요소스를 넣
고 잘 섞어주세요.

4 버터 1큰술을 녹인 팬에 한쪽은 달걀을 넣
어 스크램블드 에그를 만들고, 다른 쪽은 새
우를 노릇노릇 구워주세요.

tip 구운 새우 중 토핑용 새우 한 마리를 제외하고
나머지 새우를 3~5등분으로 썰어주세요. 작게
썬 새우는 부추스리마요 위에 얹을 거예요.

5 도시락통에 밥을 담고 그 위에 부추스리마
요 > 작게 썬 새우 > 스크램블드 에그 > 토
핑용 새우 순으로 차곡차곡 얹어주세요.

6 마지막으로 후리가케를 뿌리면 완성입니다.

토마토고추참치 비빔밥

고추참치를 활용한 초간편 쉬운 요리.
토마토 본연의 단맛이 고추참치의 맛을 중화시켜줘서 맛있게 먹을 수 있어요.

준비해요

[재료]

밥 1공기

방울토마토 8개

통조림 고추참치 100g

상추 3장

청양고추 2개 (생략 가능)

달걀 1개

들기름 1/2큰술

식용유 1/2큰술

통깨 조금

[비빔장]

고추장 1/2큰술

들기름 1큰술

맛있는 팁

❶ 순한맛으로 먹고 싶다면 청양고
추를 아삭이고추나 오이고추로
대체해주세요.

❷ 상추 대신 새싹채소나 어린잎채
소로 대체해도 좋아요.

요리해요

1 방울토마토 8개를 모두 4등분으로 썰어주
세요.

2 상추는 뿌리를 제거한 뒤 채썰기하고 청양
고추는 송송 썰어주세요.

3 들기름 1/2큰술과 식용유 1/2큰술을 두른
팬에 약불로 달걀프라이를 해주세요.

4 도시락통에 밥, 고추참치, 방울토마토, 상추
를 담고 청양고추를 뿌려주세요.

tip 고추참치는 요리할 필요 없이 통조림을 그대로
비워서 담아요.

5 밥 위에 달걀프라이를 얹고, 분량대로 넣은
비빔장을 상추 위에 올려요.

tip 비빔장은 들기름 1큰술과 고추장 1/2큰술을 볼
에 섞어서 준비해요.

6 마지막으로 통깨를 뿌리면 완성입니다.

배추된장무침 참치비빔밥

소요시간
10분

아삭아삭한 식감이 매력적인 알배추를 된장양념에 묻혀 참치와 비벼 먹으면 꿀맛이죠.

고소하고 담백한 비빔밥이라 편하게 먹을 수 있어요.

🍚 준비해요

[재료]

밥 1공기

알배추 3~5장

통조림 참치 50g

[양념]

된장 1/2큰술

다진 대파 1큰술

다진 마늘 1/2큰술

매실액 1/2큰술 (설탕 대체 가능)

참치액 1/2큰술

들기름 1큰술

통깨 조금

[토핑]

후리가케 조금

🍳 맛있는 팁

❶ 알배추 대신 양배추로 대체해도
맛있어요.

🍴 요리해요

1 낱장으로 뜯은 알배추는 끓는 물에 1분
30초~2분간 데친 후 찬물에 빠르게 헹궈
주세요.

> **tip** 배추의 부드러운 식감을 좋아한다면 2분을 데치
> 고, 그렇지 않다면 1분 30초를 데쳐주세요.

2 데친 알배추의 물기를 꽉 짠 후 잘게 잘라주
세요.

3 잘게 썬 배추에 분량대로 준비한 양념 재료
를 넣고 골고루 버무려 배추된장무침을 만
들어주세요.

4 체에 밭쳐 참치의 기름을 제거해주세요.

5 도시락통에 밥을 담고 옆에 기름을 제거한
참치와 배추된장무침을 담아주세요.

6 밥, 참치, 배추된장무침 위에 후리가케를 뿌
리면 완성입니다.

고추장 치즈비빔밥

소요시간
15분

뚝배기 대신 전자레인지로 쉽고 빠르게 만들 수 있는 고추장 치즈밥을 소개해요.
매콤달콤한 맛 속에 톡톡 터지는 옥수수 식감이 매력적이에요.

🖐 준비해요

[재료]

밥 1공기
콘옥수수 1큰술
양파 1/4개
통조림 참치 100g
피자치즈 100g

[소스]

고추장 1큰술
케첩 1.5큰술
설탕 1/2큰술

[토핑]

파슬리가루 적당량

🍳 맛있는 팁

❶ 전자레인지에 데워 바로 먹으면 치즈가 잘 늘어나고 더 맛있어요.

❷ 회사에서 바로 데워먹고 싶다면 도시락을 쌀 때 피자치즈 위에 파슬리가루를 얹고 랩을 덮어둔 상태로 도시락통에 담아가요. 랩을 벗겨 전자레인지에 데워 먹으면 맛있게 먹을 수 있어요.

🖐 요리해요

1 양파를 잘게 썰어주세요.

2 체에 밭쳐 참치의 기름을 제거해요.

3 볼에 밥+참치+콘옥수수+양파+피자치즈 30g과 소스 재료를 넣고 골고루 섞은 후 도시락통에 담아요.

> **tip** 밥 속에 피자치즈가 있어야 속에도 치즈가 부드럽게 녹아서 더 맛있게 먹을 수 있어요.

4 그 위에 피자치즈 70g을 듬뿍 올려주세요.

> **tip** 피자치즈는 많을수록 더 맛있어요.

5 도시락통에 랩을 씌우고 구멍을 2~3차례 낸 후 전자레인지에 3~5분간 데워요.

6 전자레인지에 데운 치즈밥 위에 파슬리가루를 뿌리면 완성입니다.

골뱅이 비빔밥

소요시간
15분

일일이 까기 힘들고 데치기 어려운 꼬막은 안녕~!
통조림 골뱅이로 무침과 비빔밥까지 한 번에 해결할 수 있어요.
양념이 듬뿍 묻은 쫄깃한 골뱅이를 밥과 함께 먹어보세요.

🍚 준비해요

[재료]

밥 1공기
통조림 골뱅이 200g
쪽파 한 줌
청양고추 1개 (생략 가능)

[골뱅이무침 양념]

간장 2큰술
고춧가루 1큰술
다진 마늘 1/2큰술
올리고당 1큰술
맛술 1큰술
통깨 1큰술
참기름 1큰술

[토핑]

김가루 조금
참기름 1큰술

🍳 맛있는 팁

❶ 쪽파 대신 부추를 송송 썰어 넣어도 좋아요.

❷ 참기름은 먹기 직전에 추가하면 더 맛있어요.

🍲 요리해요

1 골뱅이를 흐르는 물에 씻어준 후 체에 밭쳐 물기를 제거해주세요.

2 골뱅이를 한입 크기로 잘라주세요.

3 쪽파는 3cm 크기로 자르고, 청양고추는 잘게 다져주세요.

> **tip** 매운맛을 좋아한다면 청양고추를 넣어주고 순한맛을 좋아한다면 생략해주세요.

4 볼에 골뱅이, 쪽파, 청양고추, 분량대로 준비한 골뱅이무침 양념 재료를 함께 넣어 무쳐주세요.

5 골뱅이무침 2/3는 다른 그릇에 덜고, 남은 1/3은 밥과 함께 비벼 골뱅이비빔밥을 만들어주세요.

6 도시락통에 골뱅이비빔밥과 골뱅이무침을 담고 참기름 1큰술과 김가루를 뿌리면 완성입니다.

버섯 영양비빔밥

소요시간
15분

손쉽게 구할 수 있는 버섯을 활용해 간단하게 만드는 냄비밥이에요.

좋아하는 버섯 향을 밥에 듬뿍 입혀서 매콤한 비빔장과 먹으면 맛있게 먹을 수 있어요.

🍚 준비해요

[재료]

밥 1공기

버섯 150g

(새송이버섯, 표고버섯, 느타리버섯,

양송이버섯, 만가닥버섯 등)

물 100ml

[비빔장]

간장 2큰술

고춧가루 1.5큰술

다진 마늘 1/2큰술

맛술 1큰술

설탕 1큰술

참기름 1큰술

통깨 조금

[토핑]

다진 쪽파 1/2큰술

통깨 조금

🍳 맛있는 팁

❶ 버섯밥에 단백질을 채우고 싶다
면 콩밥으로 만들어 식물성 단
백질을 채우고, 소불고기 또는
달걀프라이를 토핑으로 추가해
동물성 단백질을 채워요.

🍲 요리해요

1 준비한 버섯의 밑동을 잘라내고 한입 크기
로 썰어주세요.

> tip 버섯을 손으로 찢어 한입 크기로 준비해도 좋아요.

2 냄비에 손질한 버섯을 넓게 펼쳐주세요.

3 버섯 위에 밥을 펼쳐서 얹은 후 물 100ml
를 가장자리에 둥글게 굴려 골고루 뿌려주
세요.

> tip 물이 부족하면 버섯이 팬에 눌어붙고 탈 수 있으
> 니 넉넉하게 뿌려주세요.

4 뚜껑을 덮고 중약불로 5분간 익혀요. 불을
끄고 5분간 뜸을 들인 후 버섯과 밥을 골고
루 섞어주세요. 이때 버섯에서 나온 물이 냄
비에 남아있으면 따라내 버려주세요.

5 도시락통에 버섯영양밥을 담고 그 위에 다
진 쪽파와 통깨를 넓게 뿌려주세요.

6 비빔장 재료를 분량대로 섞은 후 버섯영양
밥 위에 올리면 완성입니다.

콩나물 만두비빔밥

소요시간
15분

전자레인지로 간단하게 데치는 콩나물의 아삭한 식감과 만두소의 영양 만점 콜라보.

매콤하면서 짭조름한 비빔밥 소스까지 화룡점정!

🥄 준비해요

[재료]

밥 1공기

냉동 만두 3개

콩나물 100g

[비빔밥 소스]

간장 1큰술

다진 마늘 1/2큰술

설탕 1큰술

물 1큰술

참기름 2큰술

청양고추 1/2개 (취향껏 가감)

[토핑]

통깨 적당량

🍳 맛있는 팁

❶ 냉동 만두 종류는 상관없지만 크기가 클수록 토핑이 많아져요.

❷ 매운맛을 좋아한다면 남은 청양고추 1/2개와 고춧가루를 취향껏 추가해서 비벼 먹어요.

🥢 요리해요

1 전자레인지용 도시락통 혹은 그릇에 밥을 넓게 펴서 담고 깨끗이 씻어 손질한 콩나물을 밥을 다 덮도록 얹어주세요.

> **tip** 용기 위로 콩나물이 넘쳐도 전자레인지에 데우면 양이 확- 줄어드니 걱정하지 말고 담아주세요.

2 사각형 용기의 네 모서리에 분량 외의 물을 1큰술씩 추가한 후 랩을 씌우고 구멍을 뚫어 전자레인지에 7~8분간 데워주세요.

3 냉동 만두 3개를 전자레인지에 3분간 해동해주세요.

4 가위로 만두피를 제거하고 만두소만 남겨 그릇에 모아주세요.

5 콩나물 위에 만두소를 담고 그 위에 통깨를 뿌려요.

6 비빔밥 소스 재료를 분량대로 섞어 만든 후 비빔밥 위에 골고루 뿌리면 완성입니다.

구운두부 채소비빔밥

소요시간
20분

구운 채소 본연의 단맛을 느낄 수 있고 구운 두부로 단백질을 더한 건강한 비빔밥.
입맛이 돌아오는 간장소스에 맛있게 비벼 먹어요.

🍚 준비해요

[재료]

밥 1공기
새송이버섯 1개
두부 1/2모 (150g)
가지 1/2개
당근 1/2개
애호박 1/2개
올리브유 2큰술

[비빔밥 소스]

간장 2큰술
다진 마늘 1/2큰술
맛술 1큰술
설탕 1큰술
레몬즙 1/2큰술
(식초 대체 가능)
참기름 1큰술
후춧가루 조금

[토핑]

후리가케 조금

🍳 맛있는 팁

❶ 좋아하는 채소 혹은 냉장고에
   남아있는 채소를 모두 구워서
   취향껏 먹어도 좋아요.

❷ 에어프라이어를 이용하면 불 안
   쓰는 요리로 만들 수 있어요.

🍳 요리해요

1 당근과 애호박은 채 썰고, 새송이버섯과 가
지는 돌려 썰고, 두부는 편 썰어주세요.

> **tip** 채소 채썰기가 힘들다면 스파이럴라이저(채소
> 제면기)를 활용해도 괜찮아요. 대신 한입 크기
> 로 잘라 넣어주세요.

2 손질한 두부와 새송이버섯에 올리브유 1큰
술을 바른 후 에어프라이어에 180℃로 5분
간 굽고 반대로 뒤집어서 5분을 추가로 구
워주세요.

> **tip** 에어프라이어가 없다면 팬에 구워주세요.

3 손질한 가지, 당근, 애호박에 올리브유 1큰
술을 바른 후 에어프라이어에 180℃로 5분
을 구워주세요.

4 비빔밥 소스를 분량대로 섞어 준비해요.

5 도시락통에 밥을 먼저 담고, 그 위에 구운 채
소와 두부를 담아주세요.

6 비빔밥에 만들어둔 소스를 뿌리고 후리가케
를 골고루 뿌리면 완성입니다.

중화비빔밥

소요시간
30분

대구에서 유명한 중화비빔밥을 집에서 만들어봤어요.
푸짐한 재료에 녹진하고 꾸덕꾸덕한 양념이 가득해 속까지 따뜻하고 든든하게 먹을 수 있어요.

🌱 준비해요

[재료]

밥 1공기
돼지고기 다짐육 80g
양파 1/4개
알배추 80g
당근 20g
표고버섯 1개
고추기름 2큰술
다진 대파 1큰술
편마늘 1큰술
새우 5마리

[양념]

간장 2큰술
굴소스 1/2큰술
설탕 1/2큰술
고춧가루 1/2큰술

[전분물]

물 60ml
전분가루 1/2큰술

[토핑]

통깨 조금

🍳 맛있는 팁

❶ 집에 있는 자투리 버섯과 채소를
몽땅 넣어도 양념만 그대로 따라
하면 맛있게 먹을 수 있어요. 냉
파(냉장고 파먹기)에 제격!

❷ 마지막에 달걀프라이를 추가하
면 더 맛있게 먹을 수 있어요.

🌺 요리해요

1 양파는 채 썰고 당근은 나박썰기를 해주세
요. 표고버섯은 2~3cm 두께로 썰고 알배
추는 3~5cm 크기로 썰어주세요.

2 고추기름 2큰술을 두른 팬에 돼지고기 다짐
육을 넣고 약불로 볶아주세요. 다짐육이 뭉
치지 않도록 골고루 섞어가며 익을 때까지
볶아주세요.

3 다진 대파와 편마늘을 넣고 볶다가 파&마늘
향이 나면 썰어둔 알배추, 당근, 양파, 표고
버섯과 새우를 넣고 함께 볶아주세요.

> **tip** 고추기름이 부족하면 고추기름 1큰술을 추가해
> 가며 볶아주세요.

4 양파가 투명해지면 분량대로 준비한 양념
재료를 넣고 골고루 볶아주세요.

5 채소의 숨이 죽고 새우가 익었다면 전분
물을 조금씩 부어 걸쭉해질 때까지 조려
주세요.

6 도시락통에 밥을 먼저 담고 **5**번에서 걸쭉
하게 조린 볶음재료를 올린 후 통깨를 뿌려
주면 완성입니다.

주먹밥 &
김밥 &
말이(롤)

PART

3

햄달걀말이 주먹밥

소요시간
15분

고소한 햄달걀물을 김 대신 둘러내어 반찬과 밥을 한입에 먹을 수 있어요.
취향껏 원하는 채소를 추가해서 자유롭게 냉털(냉장고털이)도 가능하답니다.

🖐 준비해요

[재료]

밥 1공기
통조림 햄 50g
냉동 채소 2큰술
달걀 3개
식용유 1큰술

[밥 양념]

후리가케 1큰술
참기름 1큰술

[토핑]

고추냉이 조금
모양 후리가케 조금

🍳 맛있는 팁

❶ 김발에 말아놓으면 모양이 고정
　되고 잔열로 인해 속까지 잘 익
　어요.

❷ 고추냉이나 모양 후리가케를 얹
　으면 더 귀여워져요.

🖐 요리해요

1 통조림 햄을 칼의 옆면으로 으깨주세요.

2 달걀 3개와 으깬 햄, 냉동 채소를 넣고 골고
루 섞어 달걀물을 만들어주세요.

3 밥에 후리가케 1큰술과 참기름 1큰술을
넣고 섞은 후 원기둥 모양으로 길게 뭉쳐주
세요.

4 사각팬에 식용유 1큰술을 두른 후 달걀물을
반 정도 부어서 약불로 익혀주세요.

> **tip** 처음에 달걀물을 모두 부어버리면 두꺼운 달걀
> 물 때문에 밥을 넣고 말기 힘들어요. 따라서 남
> 은 달걀물은 밥을 말면서 조금씩 추가해주세요.

5 밑면이 익기 시작하면 원기둥으로 만든 양
념한 밥을 넣고 돌돌 말아주세요. 남은 달걀
물을 넣고 끝까지 말아주세요.

6 한 김 식히고 일정한 두께로 자르면 완성입
니다.

명란깻잎 주먹밥

소요시간
15분

명란 맛을 보완하여 맛있는 주먹밥 완성!
깻잎의 향이 매력적이고, 톡톡 씹히는 명란젓의 식감이 즐거워요.
* 냉장고에 넣어서 차갑게 먹어도 맛있고, 데워서 따뜻하게 먹어도 맛있어요.

🍚 준비해요

[재료]

밥 1공기
명란젓 60g (1덩이)
깻잎 3장
김밥용 김 1/2장
통깨 조금

[밥 양념]

들기름 2큰술
올리고당 1/2큰술
후리가케 1/2큰술 (통깨 대체 가능)

🍳 맛있는 팁

❶ 김으로 감싸기 전에 주먹밥을 팬에 구우면, 익은 명란의 톡톡 씹히는 식감이 매력 있어요.

❷ 녹차와 함께 먹으면 오차즈케처럼 즐길 수 있어요.

❸ 도시락을 쌀 때, 명란깻잎 주먹밥을 랩으로 감싸면 들기름과 명란젓이 손에 묻지 않아 편하게 먹을 수 있어요.

🧑‍🍳 요리해요

1 명란젓은 절반을 가른 후 껍질을 제거해주세요.

> tip 이때 토핑용 명란을 조금 남겨주세요.

2 깻잎은 꼭지를 제거하고 돌돌 말아준 후 얇게 잘라주세요.

3 밥에 손질한 명란젓, 깻잎, 그리고 분량대로 준비한 밥 양념을 넣고 골고루 섞어주세요.

4 비닐장갑을 끼고 손으로 양념한 밥을 삼각형 모양으로 만들어주세요.

5 김을 자른 후 삼각 주먹밥의 아랫면 중앙을 감싸주세요.

6 도시락통에 담고 토핑용 명란과 통깨를 얹으면 완성입니다.

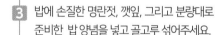

칠리커리새우 주먹밥

소요시간 20분

탱글하게 씹히는 새우의 식감과 매콤, 달콤, 새콤한 맛을 한 번에 느낄 수 있어요.
간장, 고추장, 된장의 익숙한 맛이 질릴 때 입맛을 사로잡아주는 한입 주먹밥입니다.

준비해요

[재료]

밥 1공기

냉동 새우 11~12개

버터 1큰술

다진 마늘 2큰술

냉동 채소 1큰술

카레가루 1큰술

후춧가루 조금

[소스]

케첩 2큰술

고춧가루 1큰술

간장 1큰술

식초 1큰술

올리고당 1큰술

[준비물]

랩

맛있는 팁

❶ 소스 재료는 칠리소스 4큰술로 대체 가능해요.

❷ 도시락을 쌀 때 하나씩 랩을 씌운 상태로 가져가면 먹기 편해요.

요리해요

1 냉동 새우는 찬물에 해동해주세요. 절반은 4~5등분으로 자르고, 나머지는 통으로 쓸게요.

2 버터를 녹인 팬에 다진 마늘 2큰술을 넣고 향이 올라올 때까지 볶아주세요.

3 해동한 새우, 냉동 채소, 카레가루 1큰술과 후춧가루를 추가해서 볶아주세요.

4 새우가 익으면 분량대로 준비한 소스 재료를 넣고 1분간 볶아주세요.

5 불을 끄고 밥을 넣어 골고루 섞어주세요.

6 펼친 랩 위에 통새우부터 올려주세요. 그다음 밥을 동그랗게 뭉쳐서 새우 위에 올린 후 랩을 돌돌 말아주면 완성입니다.

땡초참치 구운주먹밥

소요시간
30분

청양고추가 들어갔지만 고소한 참치와 마요네즈로 매운맛을 잠재웠어요.

구운주먹밥은 겉을 노릇노릇 구워내서 바삭한 눌은밥을 먹는 기분이 들어요.

🌾 준비해요

[재료]

밥 1공기

청양고추 2개

통조림 참치 100g

냉동 채소 1큰술

참기름 1큰술

마요네즈 1큰술

통깨 1/2큰술

올리브유 1큰술

[간장소스]

간장 1큰술

올리고당 1큰술

(설탕 1큰술 대체 가능)

물 1큰술

[토핑]

마요네즈 조금

통깨 조금

🍳 맛있는 팁

❶ 마요네즈에 찍어 먹으면 더 맛있어요.

❷ 땡초참치 구운주먹밥에 김을 둘러서 손으로 잡고 먹으면 더 편해요.

🌶️ 요리해요

1 청양고추는 씨를 제거해서 잘게 잘라주세요.

2 참치는 체에 밭쳐 기름을 제거해요.

3 밥에 청양고추, 참치, 냉동 채소, 참기름 1큰술, 마요네즈 1큰술, 통깨 조금을 넣고 잘 섞어주세요.

4 비닐장갑을 끼고 손으로 양념한 밥을 삼각형 모양으로 만들어주세요.

> **tip** 동그란 모양으로 빠르게 만들어도 좋아요.

5 올리브유 1큰술을 두른 팬에 삼각 주먹밥을 넣고 약불로 앞뒤가 노릇노릇해질 때까지 구워주세요.

6 간장소스 재료를 볼에 모아 섞은 후 삼각 주먹밥에 실리콘솔을 사용해 앞뒤로 바르거나 팬에 모두 부어서 조리면 완성입니다.

두부스팸 무스비튀김

소요시간
20분

겉에 묻은 통깨가 깨강정처럼 고소하고,
라이스페이퍼를 감싸 튀겨내어 쫀득하고 바삭해요.
고소한 두부와 스팸, 그리고 고추냉이마요소스가 잘 어울려요.

🌱 준비해요

[재료]

밥 1공기
스팸 100g
두부 100g (1/2모)
깻잎 4~8장
라이스페이퍼 4장
참기름 1큰술
통깨 넉넉히
올리브유 1/2큰술

[고추냉이마요소스]

마요네즈 3큰술
고추냉이 1/2큰술
설탕 1/3큰술

🍳 맛있는 팁

❶ 고추냉이마요소스를 콕 찍어 먹으면 더 맛있어요.

❷ 베어 물면 깨가 후두둑 떨어질 수 있으니 다 구운 후에 한입 크기로 잘라주세요.

🥗 요리해요

1 두부와 스팸을 같은 두께로 4등분 해 잘라주세요.

2 밥에 참기름 1큰술을 섞은 후 두부스팸 사이즈와 동일하게 납작하게 만들어주세요.

> tip 총 4개 만들어주세요.

3 밑에서부터 두부 > 깻잎 1~2장 > 스팸 > 밥을 순서대로 차곡차곡 얹어주세요. 이때 깻잎은 모양에 맞게 접어서 넣어주세요.

4 물에 적신 라이스페이퍼에 차곡차곡 쌓은 두부스팸 무스비를 말아주세요.

> tip 라이스페이퍼는 따뜻한 물에 넣어 흐물흐물해질 때까지 적셔서 준비해요.

5 접시에 통깨를 넓게 펼친 후 두부스팸 무스비를 앞뒤로 굴려 가며 골고루 묻혀주세요.

6 두부스팸 무스비에 올리브유를 골고루 뿌리고 에어프라이어에 180℃로 10분간 구워요. 분량대로 준비한 고추냉이마요소스 재료를 섞어 곁들이면 완성입니다.

> tip 프라이팬에 올리브유를 두르고 튀기듯이 골고루 익혀도 좋아요.

비빔밥버거

소요시간
20분

추억의 라이스버거를 재현한 비빔밥버거예요.

떡갈비와 마요네즈 조합이 달달하고 고소해 매콤한 비빔밥과 잘 어울린답니다.

🥄 준비해요

[재료]

밥 1공기

양파 1/4개

떡갈비(시판용) 1장

달걀 1개

돼지고기 다짐육 100g

다진 대파 1큰술

냉동 채소 2큰술

청상추 2장

식용유 2큰술

마요네즈 1큰술

[약고추장 양념]

고추장 1.5큰술

간장 1/2큰술

맛술 1큰술

설탕 1큰술

다진 마늘 1/2큰술

참기름 1큰술

[준비물]

랩

🍳 맛있는 팁

❶ 비빔밥을 동그랗게 만들어서 약불에 앞뒤로 구우면 모양이 흐트러지지 않게 도와줘요.

❷ 돼지고기 약고추장 대신 김치를 볶아서 김치볶음 밥버거를 만들어도 맛있어요.

❸ 도시락을 쌀 때 비빔밥버거를 랩으로 감싸고, 먹을 때 랩을 벗겨서 먹으면 돼요.

🥄 요리해요

1 양파는 채 썰고 식용유 1큰술을 두른 원형 팬에 약불로 달걀프라이를 만들고 떡갈비를 익혀주세요.

2 식용유 1큰술을 두른 팬에 다진 대파를 넣어 약불로 파기름을 내고, 다짐육을 넣어 골고루 익혀주세요.

3 다짐육이 익었다면 약고추장 양념을 분량대로 넣고 다짐육이 뭉치지 않게 잘 섞어가며 볶아주세요.

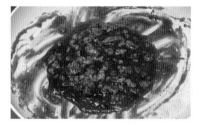

4 불을 끄고, 밥+약고추장(절반)+냉동 채소를 넣고 골고루 섞어주세요.

> **tip** 밥에 약고추장을 한 번에 다 넣으면 밥이 질퍽해지기 때문에 절반만 넣고 섞어주세요.

5 밥버거 틀이 될 통에 랩을 감싼 후, 밑에서부터 밥(절반) > 약고추장(절반) > 청상추 > 떡갈비 > 마요네즈 1큰술 > 달걀프라이 > 양파 > 밥(절반) 순서대로 올려주세요.

6 랩을 돌돌 말아 고정한 후 꺼내면 완성입니다.

골뱅이강된장 물방울김밥

소요시간
20분

구하기 힘든 우렁이 대신 집에서 통조림 골뱅이를 활용해서 강된장을 만들어보세요.
상추쌈 해 먹기 힘들 때, 김밥 속에 상추를 꽉 채워 식이섬유를 가득 느낄 수 있어요.

준비해요

[재료]

밥 1공기
통조림 골뱅이 100g
김밥용 김 1장
상추 4장
식용유 1큰술
참기름 1큰술

[밥 양념]

참기름 1/2큰술
통깨 조금

[골뱅이강된장 양념]

다진 마늘 1큰술
냉동 채소 2큰술
된장 1큰술
고추장 1/2큰술
고춧가루 1/2큰술
참기름 1큰술

[토핑]

통깨 조금

맛있는 팁

❶ 상추 대신 냉장고 속에 있는 생
   채소를 모두 넣어도 좋아요.

❷ 매운맛을 좋아한다면 청양고추
   를 송송 썰어서 양념에 추가해
   주세요.

요리해요

1 골뱅이를 흐르는 물에 씻어준 후 잘게 잘라
주세요.

2 식용유 1큰술을 두른 팬에 골뱅이와 분량대
로 준비한 골뱅이강된장 양념 재료를 넣고,
골뱅이에 양념이 충분히 입혀질 때까지 약
불로 가볍게 볶아주세요.

3 밥에 참기름과 통깨를 넣고 섞어 양념밥을
만들어주세요. 그다음 김밥용 김을 반으로
자른 후 양념밥을 넓게 펼쳐주세요.

> **tip** 김 위에 밥을 올릴 때는 중앙은 두툼하게, 끝쪽
> 은 얇게 펼쳐줘야 김밥 모양이 예쁘게 만들어
> 져요.

4 상추 4장을 겹쳐서 돌돌 말아 중앙에 얹은
뒤, 밥의 양쪽 끝부분이 서로 만나게 접어 물
방울 모양의 김밥을 만들어요.

5 물방울김밥의 김 겉면에 참기름을 바른 후
한입 크기로 잘라주세요.

6 도시락통에 물방울김밥을 담고 작은 그릇에
골뱅이강된장을 담아 넣어요. 골뱅이강된장
위에 통깨를 뿌리면 완성입니다.

어묵진미채 충무김밥

소요시간
20분

무 대신 오이, 오징어 대신 진미채를 사용하면
재료 손질도 편하고 가성비 있는 충무김밥을 맛볼 수 있어요.
고소한 김과 밥을 간단하게 말아서 함께 먹으면 맛의 균형을 찾을 수 있어요.

🥄 준비해요

[재료] 2인분 기준

밥 1.5공기
오이 1/2개
소금 1꼬집
진미채 한 줌
사각어묵 2장
다진 대파 1큰술
김 2장

[밥 양념]

참기름 1큰술
통깨 1/2큰술

[양념]

고춧가루 2큰술
간장 1큰술
고추장 1큰술
식초 1큰술
설탕 1큰술
올리고당 1큰술
다진 마늘 1큰술
통깨 1큰술
참기름 1큰술

🌮 맛있는 팁

❶ 도시락을 쌀 땐 분리되는 도시락
   통에 밥과 어묵진미채를 따로 담
   아 밥만 데워서 먹으면 좋아요.

🥣 요리해요

1 오이를 0.5~1cm 두께로 반달썰기한 후 소금 1꼬집을 섞어서 10분간 절여주세요.

2 진미채는 가위로 먹기 좋게 자르고 물에 5분간 불린 후 체에 밭쳐 물기를 제거해주세요.

3 사각어묵은 먹기 좋은 크기로 잘라주세요.

tip 어묵은 뜨거운 물을 부어서 데치거나 전자레인지에 가볍게 데우면 더 부드럽게 맛볼 수 있어요. 양념과 섞을 때 찢어지지 않고 요리하기도 더 편해요.

4 **1**번에서 절인 오이는 손으로 꾹 짜서 물기를 제거해주세요.

5 오이, 진미채, 사각어묵, 다진 대파에 양념을 분량대로 넣어 섞어주세요.

6 밥에 양념을 한 다음 김 위에 넓게 펼치고 돌돌 말아서 도시락통 크기에 맞춰 잘라주면 완성입니다.

훈제오리깻잎 사각김밥

소요시간
20분

샌드위치처럼 한 입씩 베어 먹을 수 있는 사각김밥이에요.
훈제오리와 달걀의 단백질, 오이와 깻잎의 식이섬유,
밥의 탄수화물까지 조합이 좋아요!

🍚 준비해요

[재료]

밥 1공기

김밥용 김 2장

훈제오리 180g

오이 1/2개 (쌈무 대체 가능)

깻잎 2장

식용유 1큰술

달걀 2개

[밥 양념]

참기름 1/2큰술

통깨 조금

[준비물]

글레이드 매직랩 (랩 대체 가능)

🥄 맛있는 팁

❶ 훈제오리는 전자레인지에 데우
거나 찜기에 쪄도 좋아요. 취향
에 따라 조리해요.

❷ 홀그레인 머스터드 또는 허니머
스터드를 찍어서 먹으면 더 맛
있게 먹을 수 있어요.

🥢 요리해요

1 오이는 필러로 슬라이스를 한 후 키친타월
로 물기를 제거해요.

2 식용유 1큰술을 두른 팬에 약불로 달걀프
라이 2개를 만든 후 팬에 남은 기름을 키친
타월로 닦아내 주세요. 그다음 밥에 참기름
1/2큰술, 통깨 조금을 넣고 양념을 해요.

3 기름이 없는 팬에 훈제오리를 올려 노릇노
릇하게 구워요. 구운 훈제오리는 체에 밭쳐
기름을 제거해주세요.

> **tip** 구운 훈제오리를 체에 밭쳐 기름을 제거하는 이
> 유는 김밥을 쌀 때 수분이 많으면 김이 오그라
> 들기 때문이에요. 재료의 수분이 최대한 적어야
> 김밥 싸기에 편해요.

4 김 1장을 준비해 사진에 표시한 부분을 가
로로 잘라주세요.

5 김 위에 시계 방향으로 ① 밥 ② 달걀프라이
+슬라이스 오이 ③ 깻잎+훈제오리 ④ 밥을
얹고, ①~④를 시계 방향 순서대로 접어주
세요.

> **tip** 재료마다 가장자리에 여유 공간이 있어야 제대
> 로 접을 수 있어요.

6 글레이드 매직랩으로 꼼꼼하게 감싼 후 반
으로 잘라주면 완성입니다.

달걀묵은지 사각유부초밥

소요시간
25분

그냥 먹어도 맛있는 유부초밥에 담백한 달걀과 아삭한 묵은지를 추가했어요.
고추냉이마요소스에 찍어 먹으면 고소함과 알싸함이 입안 가득 퍼진답니다.

🖐 준비해요

[재료] 2인분 기준

밥 1.5공기

달걀 2개

묵은지 3줄

유부초밥 키트 1개

파슬리가루 조금

[고추냉이마요소스]

고추냉이 1/2큰술

마요네즈 1.5큰술

설탕 1큰술

🍳 맛있는 팁

❶ 고추냉이마요소스를 더하면 맛이 업그레이드!

❷ 사각 유부초밥은 도시락통 안에서 움직임이 덜해서 들고 다니기에 편해요. 도시락을 쌀 땐 삼각 유부초밥보다 사각 유부초밥을 추천해요.

🍴 요리해요

1 묵은지는 양념을 씻어내고 물기를 제거한 후 가위로 잘게 잘라주세요.

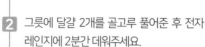

2 그릇에 달걀 2개를 골고루 풀어준 후 전자레인지에 2분간 데워주세요.

3 데운 달걀을 숟가락으로 으깨 스크램블드 에그를 만들어 주세요.

4 넓은 그릇에 밥, 손질한 씻은 묵은지, 스크램블드 에그를 넣고, 유부초밥 키트에 동봉된 소스를 뿌려 모두 잘 섞어주세요.

5 골고루 섞은 후 먹기 좋은 크기로 뭉쳐서 주먹밥을 만들어요.

6 유부 속에 주먹밥을 담고 파슬리가루를 뿌려요. 분량대로 준비한 고추냉이마요소스 재료를 섞어 곁들이면 완성입니다.

꽁치톳조림 김밥

소요시간
30분

제주 바닷가의 유명 김밥 맛집을 재현해 입맛을 사로잡았어요.
오독오독 씹는 식감이 좋은 톳과 고소한 꽁치를 단짠단짠 소스에 조리면
풍성한 맛과 식감이 가득!

🍚 준비해요

[재료] 2인분 기준

밥 1.5공기

통조림 꽁치 4조각

염장톳 200g

김밥용 김 2장

[밥 양념]

참기름 1/2큰술

통깨 조금

[꽁치톳조림 양념]

간장 1큰술

맛술 1큰술

물 2큰술

설탕 1/2큰술

🍳 맛있는 팁

❶ 매운맛을 추가하고 싶다면, 청양고추를 송송 썰어 같이 말아주세요.

❷ 쪽파와 통깨로 플레이팅하면 더 맛스러워보여요.

🥄 요리해요

1 염장톳은 물에 1~2번 씻어내어 찬물에 10분 정도 담가준 후 체에 밭쳐 물기를 제거해주세요.

> **tip** 염장톳의 비린맛이 걱정이라면 끓는 물에 가볍게 데쳐주세요.

2 통조림 꽁치는 체에 밭쳐 물기를 제거해주세요.

3 기름을 두르지 않은 팬에 물기를 제거한 꽁치와 톳을 넣고, 톳 위에 분량대로 준비한 꽁치톳조림 양념을 두른 후 중불로 끓여주세요.

> **tip** 꽁치와 톳이 섞이지 않도록, 사진처럼 톳은 가장자리에 두르고 가운데에 꽁치를 올려주세요.

4 바글바글 끓어오르면 약불로 줄이고 꽁치를 뒤집어요. 그다음 양념과 톳을 섞은 후 뚜껑을 덮고 조려주세요.

> **tip** 꽁치의 모양이 흐트러지지 않도록 양념과 톳만 섞고 뚜껑을 덮어주세요.

5 밥에 양념을 한 다음 김 위에 넓게 펼치고, 밥 위에 양념에 조린 꽁치와 톳을 올려주세요.

6 꽁치톳조림 김밥을 돌돌 말아서 한입 크기로 자르고, 도시락통에 담으면 완성입니다.

| 두부면 꼬다리김밥

소요시간
30분

김밥을 먹을 때 꼬다리 좋아하시는 분들을 위한 맞춤 김밥.
밥 양을 줄이고 단백질을 높인 두부면 꼬다리김밥을
겨자소스에 콕- 찍으면 맛이 없을 수 없죠!

🖐 준비해요

[재료]

밥 1.5공기

오이 1/2개

당근 40g

스팸 200g

두부면 50g

김밥용 김 2장

식용유 1큰술

[밥 양념]

참기름 1큰술

통깨 1/2큰술

[겨자소스]

물 2큰술

간장 2큰술

식초 1큰술

설탕 1큰술

연겨자 1/2큰술

[토핑]

참기름 조금

통개 조금

🍳 맛있는 팁

❶ 스팸 대신 맛살을 넣어도 돼요.

❷ 두부면 대신 달걀지단을 넣어도 돼요.

🍽 요리해요

1 스팸을 가로세로 4등분하여 총 16조각으로 길게 자르고, 스팸과 동일한 길이로 두부면을 잘라주세요. 당근은 채썰고 오이는 씨를 제거하고 채 썰어주세요.

> tip 스팸, 두부면, 당근, 오이를 모두 같은 길이로 잘라야 싸기 편해요.

2 두부면은 끓는 물에 2~3분간 데친 후 체에 밭쳐 물기를 제거해주세요.

3 식용유 1큰술을 두른 팬에 채 썬 당근을 약불로 볶아주세요. 그다음 스팸을 앞뒤로 노릇노릇 구워주세요.

> tip 스팸은 굽는 대신 뜨거운 물에 데치면 기름기가 제거돼요.

4 밥에 밥 양념을 해주세요.

5 김밥용 김을 8등분으로 잘라요. 그다음 8등분한 김 위에 밥을 넓게 펼친 후, 두부면, 스팸, 오이, 당근을 가로로 넣고 돌돌 말아주세요.

> tip 사진 속 김이 8등분한 크기의 김이에요.

6 김에 참기름을 바르고 통깨를 뿌려주세요. 분량대로 준비한 겨자소스 재료를 섞어 곁들이면 완성입니다.

유부초밥비빔 김밥

소요시간
30분

하나씩 만들기 귀찮은 유부초밥을 김밥으로 만들어서 편하게 드세요!
한입에 쏙 넣을 수 있어 간편하고 좋아요.

준비해요

[재료]
밥 1.5공기
유부초밥 키트 1개
오이 1개
소금 1꼬집
식용유 1큰술
김밥용 김 2장

[달걀물]
달걀 3개
맛술 1큰술

[토핑]
통깨 조금

맛있는 팁

❶ 오이 대신 단무지를, 달걀 대신
크래미를 넣어도 좋아요. 시간
을 줄일 수 있답니다.

❷ 고추냉이를 추가하면 알싸하게
먹을 수 있어요.

요리해요

1 오이는 씨 부분을 제거한 후 채칼을 이용해
채 썰어주세요.

2 채 썬 오이에 소금 1꼬집을 넣어 10분간 절
여주세요. 10분이 지나면 절인 오이를 손으
로 꽉 짜서 물기를 제거해주세요.

3 식용유 1큰술을 두른 팬에 분량대로 섞은
달걀물을 넣고 약불로 달걀말이를 만들어주
세요. 한 김 식힌 뒤 세로로 길게 절반으로
잘라주세요.

> **tip** 달걀말이 대신 스크램블드 에그를 만들어도 좋
> 아요.

4 유부초밥 키트에 동봉된 유부의 물기를 제
거한 후 채 썰고, 동봉된 소스와 함께 밥을
골고루 섞어주세요.

5 김밥용 김 1장 위에 유부초밥양념밥을 넓
게 펼치고, 달걀말이와 절인 오이를 얹어
주세요.

6 돌돌 말아서 자른 후 통깨를 뿌리면 완성입
니다.

| 훈제오리 묵은지 말이

소요시간
15분

씻은 묵은지로 돌돌 싸서 씹을수록 아삭함과 시원함이 가득!
훈제오리의 고소한 맛과 톡 쏘는 묵은지의 맛이 잘 어울려요.

🥄 준비해요

[재료]

밥 1공기
훈제오리 80g
묵은지 4~5줄
부추 한 줌
설탕 1/2큰술
들기름 1/2큰술

[밥 양념]

다진 묵은지 줄기 조금
들기름 1큰술

🍳 맛있는 팁

❶ 김밥처럼 한입 크기로 썬 후에 통깨를 추가하면 더 먹음직스러워 보여요.

❷ 매콤한 맛을 원하는 경우는 청양고추를 송송 썰어 추가해주세요.

🍲 요리해요

1 흐르는 물에 묵은지 양념을 씻은 후 물에 5분간 담가주세요.

2 묵은지의 물기를 꼭 짠 후 두꺼운 줄기 부분은 잘라내 송송 다져주세요.

tip 묵은지의 두꺼운 줄기 부분은 잘게 다져서 밥과 섞을 거예요.

3 씻은 잎사귀 묵은지에 설탕 1/2큰술과 들기름 1/2큰술을 넣고 버무려주세요.

tip 묵은지의 잎사귀 부분은 밥을 말아주는 용도로 쓸 거예요.

4 밥에 송송 다진 묵은지 줄기와 들기름 1큰술을 넣어 함께 섞어주세요.

5 묵은지 잎사귀를 겹쳐서 넓게 편 후 양념한 밥을 올려주세요.

6 밥 위에 익힌 훈제오리와 생부추를 넣고 돌돌 말아준 후 잘라주면 완성입니다.

tip 훈제오리는 전자레인지로 1~2분 정도 가볍게 데우는 게 가장 빠르지만, 담백하게 먹고 싶다면 찜기를 사용하고 바삭하게 먹고 싶다면 기름 없는 팬에 구워 취향에 따라 준비하세요.

마늘쫑 대패삼겹 말이

아삭한 마늘쫑을 한입에 가득 먹을 수 있는 마늘쫑 대패삼겹 말이입니다.
밥과 고기로 든든하면서도 마늘쫑으로 맛있게 식이섬유를 섭취할 수 있어요.

🧤 준비해요

[재료]

밥 1공기
마늘쫑 80g
대패삼겹살 120g
소금 1큰술
통깨 조금
참기름 1큰술

[간장소스]

간장 2큰술
다진 마늘 1/2큰술
알룰로스 2큰술
참기름 1큰술

[토핑]

파슬리가루 적당량

🍳 맛있는 팁

❶ 마늘쫑을 끓는 물에 데치면 아린 맛은 사라지고 아삭함이 살아나요.

❷ 밥 양념을 하기 전에 밥을 가위로 잘라주면 꼬들밥도 찰기 있게 만들 수 있어요.

👏 요리해요

1 마늘쫑을 한입 크기로 잘라준 후 끓는 물에 소금 1큰술을 함께 넣고 1분간 데쳐주세요. 데친 마늘쫑은 체에 받쳐 물기를 제거해주세요.

2 밥에 통깨와 참기름을 넣어 섞고, 마늘쫑 4~5개에 양념한 밥을 둥글게 붙여주세요.

3 대패삼겹살을 펼쳐서 마늘쫑을 둥글게 붙인 양념한 밥을 돌돌 말아주세요.

> **tip** 전날 저녁에 여기까지 미리 만들어두고 냉장 보관한 후 다음 날 아침에 꺼내 팬에 휘리릭 구우면 아침 시간을 단축할 수 있어요.

4 기름을 두르지 않은 팬에 마늘쫑 대패삼겹 말이의 이음새 부분을 아래로 가게 놓고, 모든 면이 골고루 익도록 약불로 구워주세요.

5 분량대로 준비한 간장소스 재료를 볼에 넣고 잘 섞어준 후 팬에 부어 마늘쫑 대패삼겹 말이에 양념을 입히며 조려주세요.

6 도시락통에 조린 마늘쫑 대패삼겹 말이를 담고 파슬리가루를 뿌리면 완성입니다.

토르티야피자 삼각말이

소요시간
20분

삼각형으로 만들어 손으로 들고 먹을 수 있는 토르티야피자입니다.
가장 기본적인 재료들의 조합이지만 탄단지를 조화롭게 먹을 수 있어요.

* 면과 면이 접혀서 페스츄리처럼 겹친 토르티야를 느낄 수 있어요.

준비해요

[재료]

토르티야 1장

토마토소스 2큰술

방울토마토 4개

비엔나소시지 4개

피자치즈 조금

식용유 1큰술

[달걀물]

달걀 1개

맛술 1큰술

맛있는 팁

❶ 토마토소스 대신 바질페스토를 넣으면 맛이 색달라져요.

❷ 통밀토르티야로 만들면 더욱 고소하게 만들 수 있어요.

요리해요

1 토르티야는 길게 4등분으로 자르고 방울토마토와 비엔나소시지도 잘게 잘라주세요.

2 토르티야 위에 토마토소스 1/2큰술을 넓게 펴서 발라 주세요.

3 그 위에 방울토마토, 비엔나소시지, 피자치즈를 얹어주세요.

> **tip** 토르티야를 말아야 하니 왼쪽 끝에 재료를 얹어주세요.

4 접는 방법을 참고해 토르티야를 삼각형으로 말아 접어주세요.

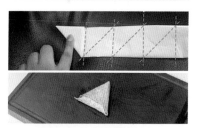

5 분량대로 만든 달걀물을 앞뒤로 골고루 입혀주세요.

6 식용유 1큰술을 두른 팬에 약불로 앞뒤를 노릇노릇하게 구워주면 완성입니다.

삼겹살쌈밥 부리또

구운 삼겹살이 들어간 한식 버전 부리또!
쌈장밥과 김치볶음, 삼겹살을 토르티야에 싸 먹으면 더 든든하고 고소해요.

🖐 준비해요

[재료]
토르티야 2장
밥 1공기
삼겹살 150g
(대패삼겹살 등 대체 가능)
김치 80g
설탕 1/2큰술
깻잎 8장 (상추 대체 가능)

[밥 양념]
쌈장 1큰술
고추장 1/2큰술
참기름 1큰술

[준비물]
랩

🍲 맛있는 팁

❶ 청양고추, 오이고추로 아삭한
  식감을 추가해주셔도 좋아요.

❷ 마요네즈를 추가하면 고소하게
  즐길 수 있어요.

🖐 요리해요

1 김치를 가위로 잘게 잘라주세요.

2 기름을 두르지 않은 팬에 약불로 삼겹살을
앞뒤로 노릇노릇 굽고 잘라주세요. 남은 기
름에 김치와 설탕 1/2큰술을 넣어 볶아주
세요.

3 밥에 밥 양념을 분량대로 섞어주세요.

4 토르티야 1장 위에 깻잎 2장과 밥을 얹어
주세요.

5 구운 삼겹살과 김치를 올린 후 깻잎 2장으
로 덮어주세요.

6 토르티야를 돌돌 말고 양 끝을 안으로 접어
주세요. 그다음 랩으로 감싼 후 반으로 자르
면 완성입니다.

| 로제애호박 롤리타니

소요시간
20분

이탈리아 가지요리 롤리타니를 애호박으로 변경하고 밥을 더해 든든한 요리로 만들었어요.
녹진한 치즈로 감싼 애호박말이에 두부를 추가한 로제소스를 함께 곁들여 즐겨보세요.

준비해요

[재료]

밥 1공기
애호박 1개
두부 50g (1/4모)
양송이버섯 1개
양파 1/4개
식용유 1큰술
슬라이스 치즈 5장
올리브유 조금
소금 1꼬집

[소스]

로제소스 4큰술
(토마토소스 대체 가능)

[토핑]

파슬리가루 조금
그라나파다노 치즈 조금
(파마산치즈가루 대체 가능)

맛있는 팁

❶ 매운맛을 좋아한다면 페페론치
노를 토핑으로 곁들여 드세요.

요리해요

1 애호박은 필러로 얇게 썰고, 그 위에 소금
1꼬집을 뿌려서 10분간 절여주세요.

2 두부는 칼의 옆면으로 으깨고, 양송이버섯
은 편 썰기하고, 양파는 잘게 다져주세요.

3 식용유 1큰술을 두른 팬에 두부, 버섯, 양파
를 넣고 로제소스 4큰술을 넣은 후 함께 섞
으며 약불로 조려주세요.

4 키친타월을 이용해 절인 애호박의 수분을
제거한 후, 조금씩 겹쳐서 넓게 펼쳐요. 그
위에 슬라이스 치즈 2장을 얹고 밥을 올려
돌돌 말아주세요.

5 애호박 롤리타니에 올리브유를 뿌리고 에어
프라이어에 180℃로 2분간 구워주세요. 다
구웠으면 한입 크기로 잘라주세요.

> **tip** 에어프라이어 대신 팬에 가볍게 약불로 구워도
> 좋아요.

6 도시락통에 **3**번의 소스부터 담고 애호박
롤리타니를 얹은 후 파슬리가루와 그라나파
다노 치즈를 뿌리면 완성입니다.

양배추맛살 에그롤

소요시간
30분

상큼하고 아삭한 양배추맛살 에그롤은 라이스페이퍼로 고정해서 맛있고 쫄깃해요.
고소한 참깨소스에 찍어 좋아하는 채소들의 아삭아삭한 식감을 느껴보시길 바라요.

🧤 준비해요

[재료]

라이스페이퍼 2장

양배추 80g

당근 40g

맛살 2개

깻잎 4장

식용유 1큰술

[달걀물]

달걀 3개

맛술 1큰술

[양배추절임 소스]

식초 2큰술

소금 1꼬집

설탕 1/2큰술

[참깨소스]

깨 간 것 2.5큰술

마요네즈 2큰술

간장 1큰술

참기름 1큰술

올리고당 1큰술 (설탕 대체 가능)

🍳 맛있는 팁

❶ 참깨소스를 만들어 푹- 찍어서 곁들여 드세요.

❷ 파프리카, 당근, 오이 등 좋아하는 채소를 자유롭게 넣어보세요. 냉장고에 남은 채소들을 처리하기에 딱 좋은 롤이에요.

❸ 도시락통에 겹쳐서 담으면 라이스페이퍼끼리 달라붙어서 잘 떨어지지 않을 수 있어요. 그럴 땐 양배추맛살에그롤 겉면을 깻잎으로 감싸주면 들러붙지 않아 먹기 편해요.

🍴 요리해요

1 양배추와 당근은 얇게 채 썰어주세요. 채 썬 양배추는 분량대로 섞은 양배추절임 소스에 넣어 10분간 절여주세요.

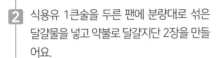

2 식용유 1큰술을 두른 팬에 분량대로 섞은 달걀물을 넣고 약불로 달걀지단 2장을 만들어요.

> **tip** 달걀지단은 라이스페이퍼보다 작은 사이즈로 만들어야 고정이 잘 돼요.

3 남은 프라이팬 기름을 그대로 두고 채 썬 당근을 넣어 1분간 가볍게 볶아주세요.

4 라이스페이퍼를 따뜻한 물에 담근 후 말랑말랑해지면 빼서 준비해요.

5 물에 불린 라이스페이퍼에 달걀지단부터 얹고 그 위에 깻잎을 올린 후 절인양배추, 볶은 당근, 맛살을 올려주세요.

6 돌돌 말아준 후 한입 크기로 썰어주세요. 분량대로 준비한 참깨소스 재료를 섞어 곁들이면 완성입니다.

경장육사 셀프두부쌈 말이

소요시간
30분

한국식 춘장 혹은 짜장소스에 볶은 돼지고기를 대파, 오이와 함께 싸 먹는 요리예요.
춘장돼지볶음과 아삭한 채소를 고소한 포두부에 싸 먹으면 정말 맛있어요.

* 경장육사는 돼지고기를 채 썰어 볶은 후 두부피에 싸 먹는 중국 베이징 전통요리예요.

🥢 준비해요

[재료]

포두부 8장 (손바닥 크기)

돼지고기 목살 200g

(잡채용 고기 대체 가능)

오이 50g

대파 흰 부분 30g

당근 30g

파프리카(빨/노) 각 40g

다진 마늘 1큰술

다진 생강 1/2큰술

식용유 2큰술

[돼지고기 밑간]

소금&후춧가루 조금

전분가루 1큰술

[양념]

간장 1/2큰술

굴소스 1/2큰술

설탕 1/2큰술

춘장 1큰술

(레토르트 짜장소스 대체 가능)

맛술 1큰술

참기름 1/2큰술

🍳 맛있는 팁

❶ 양념한 고기에 밥을 같이 비벼 먹어도 좋아요.

❷ 요리를 위해 꼭 있어야 할 것! 오이, 대파예요.

❸ 매콤한 맛을 원한다면 편마늘 혹은 청양고추를 추가해 주세요.

🧹 요리해요

1 대파 흰 부분과 당근은 채 썰고, 오이와 파프리카는 씨를 제거하고 채 썰어주세요.

2 돼지고기는 채 썬 후 분량대로 준비한 돼지고기 밑간 재료를 넣어 버무려주세요.

3 식용유 2큰술을 두른 팬에 돼지고기의 겉면이 하얘지도록 중불로 튀기듯이 볶아주세요. 그다음 익힌 돼지고기는 잠시 다른 그릇에 덜어주세요.

4 돼지고기를 굽고 남은 기름에 다진 마늘과 다진 생강을 약불로 볶아주세요. 그다음 분량대로 준비한 양념 재료를 넣고 약불로 계속 볶아주세요.

5 구운 돼지고기를 넣어 볶은 후 양념이 골고루 입혀지면 불을 꺼요.

6 2단 도시락통을 준비해 1단에는 채소를 담고, 2단에는 볶은 고기와 포두부를 담으면 완성입니다.

면 & 빵

PART

4

두부두유 콩국수

고소한 두부와 두유의 맛을 모두 느낄 수 있는 여름 별미 음식 콩국수!

콩을 삶거나 데치는 과정 없이 블렌더로 갈아서 바로 만들어 먹을 수 있는 간단한 요리예요.

*일반 면은 붇기 때문에 도시락 콩국수는 곤약면이 좋아요.

준비해요

[재료]

곤약면 100g

오이 1/2개

삶은 달걀 1/2개

[콩물]

두부 3/4모 (150g)

검은콩 두유 200ml

검은 통깨 2큰술

소금 1/2큰술

[토핑]

통깨 조금

맛있는 팁

❶ 두유는 양을 가감하여 취향껏 농도를 만들어주세요.

❷ 취향에 따라 소금 또는 설탕을 추가로 뿌려 먹으면 더 맛있게 먹을 수 있어요.

❸ 도시락을 싸갈 때는 면과 콩물을 따로 담아 챙겨 가요.

요리해요

1 오이는 채 썰어주세요.

2 곤약면은 흐르는 물에 씻은 후 체에 밭쳐 물기를 제거해주세요.

tip 곤약면 특유의 향을 제거하고 싶다면 끓는 물에 식초 1큰술을 넣고 가볍게 데쳐주세요.

3 블렌더에 분량대로 준비한 콩물 재료를 넣고 갈아주세요.

4 도시락통에 물기를 제거한 곤약면을 담아주세요.

5 만들어둔 콩물을 곤약면에 부어주세요.

6 채 썬 오이, 삶은 달걀을 얹고 통깨를 뿌려주면 완성입니다.

콩나물 비빔면

소요시간
10분

두부면을 새콤달콤매콤한 고추장비빔소스에 버무린 비빔면이에요.
콩나물이 아삭아삭하고 수분이 있어서 두부면의 식감을 보완해줘요.

🧤 준비해요

[재료]

두부면 100g

콩나물 한 줌 (100g)

파프리카(빨/노) 조금 (생략 가능)

오이 조금

물 2큰술

삶은 달걀 1/2개

[고추장비빔소스]

고추장 1큰술

고춧가루 1큰술

간장 1/2큰술

식초 1/2큰술

통깨 조금

올리고당 2큰술

참기름 1큰술

🍳 맛있는 팁

❶ 매콤함을 잠재울 삶은 달걀과
  함께 즐겨보세요.

❷ 깻잎을 추가하면 향이 풍성해
  져요.

🧤 요리해요

1 파프리카와 오이는 채 썰어주세요.

2 콩나물 한 줌에 물 2큰술을 넣어 랩을 씌운
후 구멍을 2~3차례 내고 전자레인지에 3분
간 데워주세요.

3 전자레인지에 데운 콩나물은 찬물에 씻은
후 손으로 물기를 꼭 짜서 준비해요.

4 두부면은 끓는 물에 1~2분간 데친 후 체에
받쳐 물기를 제거해주세요.

5 두부면과 콩나물, 분량대로 준비한 고추장
비빔소스를 넣고 골고루 섞어주세요.

6 파프리카, 오이, 삶은 달걀을 얹으면 완성입
니다.

| 초계국수

소요시간
15분

알싸한 겨자 양념에 버무린 닭가슴살과 시원한 육수의 조합!

묵은지와 오이가 아삭해 식감이 즐겁고, 해초면과 잘 어울려서 후루룩 한 끼 식사를 할 수 있어요.

* 해초면은 간편하고 붇지 않아 도시락으로 싸기에 좋아요.

🍴 준비해요

[재료]

해초면 100g

닭가슴살 100g

시판 냉면 육수 1봉

오이 1/2개

묵은지 1장

삶은 메추리알 1/2개

(달걀로 대체 가능)

통깨 조금

[닭고기양념]

설탕 1/2큰술

간장 1/2큰술

연겨자 1/2큰술

후춧가루 조금

🥄 맛있는 팁

❶ 해초면은 삶지 않고 흐르는 물
에만 씻어주면 바로 먹을 수 있
어요. 쫄면보다 탄성은 적지만
탱글탱글한 식감이 매력적이랍
니다.

❷ 초계국수에 쌈무를 추가하면 새
콤한 맛이 더해져요.

❸ 초계국수 토핑을 도시락통에 따
로 담아 간 후 먹기 전에 얹어
먹으면 좋아요.

🍳 요리해요

1 묵은지는 양념을 씻어내고 물기를 제거한
후 채 썰고 오이는 반달로 썰어주세요.

2 익힌 닭가슴살을 결대로 잘게 찢어주세요.

> **tip** 시판용 완조리 닭가슴살은 전자레인지에 데
> 우고, 생 닭가슴살은 에어프라이어 혹은 팬에
> 구워주세요.

3 결대로 찢은 닭가슴살에 분량대로 준비
한 닭고기양념 재료를 넣어 골고루 섞어주
세요.

4 해초면은 흐르는 물에 씻어준 후 체에 밭쳐
물기를 제거해주세요.

5 해초면을 통에 담아주세요.

6 해초면 위에 닭가슴살, 오이, 묵은지, 삶은
메추리알을 얹은 후 냉면 육수를 붓고 통깨
를 뿌리면 완성입니다.

도토리묵면

소요시간
20분

알록달록한 고명을 차곡차곡 담아내어 비주얼도 예쁘고 맛도 좋고!

덥거나 추울 때 언제든 맛있게 먹을 수 있는 건강한 요리를 소개해요.

🥄 준비해요

[재료]

도토리묵 400g

시판 냉면 육수 1봉

오이 1/2개

깻잎 2~3장

묵은지 조금

달걀 1개

식용유 1큰술

조미김 조금

통깨 조금

[김치양념]

설탕 1큰술

참기름 1큰술

고춧가루 1/2큰술

🍳 맛있는 팁

❶ 냉육수는 시판 냉면 육수를 활용하면 편리해요. 온육수는 물 500ml, 간장 1큰술, 식초 3큰술, 설탕 1큰술, 다시다 1큰술을 냄비에 끓여 만들어주세요.

❷ 밥 1/2공기를 말아 먹어도 맛있고 든든해요.

❸ 냉면 육수는 도시락통에 따로 챙겨서 먹기 전에 부어 드세요.

🍳 요리해요

1 오이와 깻잎은 채 썰어주세요.

2 묵은지는 가위로 잘게 잘라준 후 분량대로 준비한 김치양념 재료를 넣고 섞어주세요.

3 도토리묵은 한입 크기로 잘라준 후 뜨거운 물에 30초간 가볍게 데쳐주세요.

4 식용유 1큰술을 두른 팬에 달걀 1개를 골고루 풀어 달걀지단을 만들고 채 썰어주세요.

5 도시락통에 데친 도토리묵을 담고 준비한 오이, 깻잎, 묵은지, 달걀지단을 얹어주세요.

6 시원한 냉면 육수를 붓고 조미김과 통깨를 뿌리면 완성입니다.

명란애호박 볶음면

소요시간
20분

담백한 두부면과 짭조름한 명란젓의 조합은 말이 필요 없죠.
애호박을 면처럼 가늘게 만들어 두부면과 함께 호로록, 맛있게 맛볼 수 있어요.

준비해요

[재료]

두부면 100g

애호박 1개

명란젓 60g (1덩이)

편마늘 1큰술

올리브유 2큰술

통깨 조금

맛있는 팁

❶ 매운맛을 좋아한다면 편마늘을 볶을 때 페페론치노 1~2개를 추가해서 볶아주세요.

요리해요

1 두부면은 끓는 물에 1~2분간 데친 후 물기를 제거해주세요.

2 애호박의 양 끝을 자른 후 채소제면기 또는 채칼로 길게 썰어 애호박면을 만들어주세요.

> **tip** 모양틀로 만든 토핑용 애호박을 조금 남겨놓을게요.

3 명란젓은 길게 칼집을 내준 후 알을 분리하고 껍질을 제거해주세요.

> **tip** 토핑으로 사용할 명란은 다른 그릇에 남겨주세요.

4 올리브유 1큰술을 두른 팬에 편마늘을 넣고 볶아주세요. 편마늘이 노릇노릇해지면 애호박면과 명란젓을 넣고 애호박이 익을 때까지 볶아주세요.

5 데친 두부면과 올리브유 1큰술을 넣고 함께 섞으며 볶아주세요.

6 도시락통에 명란애호박 볶음면을 담은 후 토핑용 애호박과 남겨둔 명란젓을 얹고 통깨를 뿌리면 완성입니다.

낙지젓 깻잎페스토 냉파스타

소요시간 20분

깻잎과 들기름으로 만든 깻잎페스토에 통깨김가루로 고소한 맛을 극대화 시킨 K-냉파스타!

푸실리면으로 만든 냉파스타에 낙지젓을 토핑으로 올려보세요.

낙지젓이 깻잎과 굉장히 잘 어울린답니다.

준비해요

[재료]

푸실리 파스타면 100g

소금 1꼬집

김밥용 김 1/2장

통깨 1큰술

깻잎 3장

낙지젓 50g

[깻잎페스토]

깻잎 7장

들기름 7큰술

매실청 2큰술 (설탕 대체 가능)

다진 마늘 1/4큰술

맛있는 팁

❶ 김부각과 함께 먹으면 바삭하고
고소함이 추가돼요.

요리해요

1 끓는 물에 소금 1꼬집을 넣고 푸실리 파스
타면을 10분간 삶아준 후 찬물에 헹궈서 물
기를 제거해요.

2 분량대로 준비한 깻잎페스토 재료를 핸드블
렌더에 넣고 갈아주세요.

3 김밥용 김 1/2장과 통깨 1큰술을 핸드블렌
더에 넣고 갈아주세요.

> **tip** 토핑으로 얹을 통깨김가루를 조금만 남겨주
> 세요.

4 깻잎 3장을 얇게 채 썰고 통깨김가루와 버
무려주세요.

5 삶은 푸실리면에 깻잎페스토를 넣고 잘 섞
은 후 도시락통에 담아주세요.

6 **4**번의 깻잎통깨김가루를 올리고 그 위에
낙지젓을 얹어주세요. 마지막으로 **3**번
에서 남겨둔 통깨김가루를 뿌리면 완성입
니다.

우유크림 파스타

소요시간
20분

두부면으로 만든 담백하고 고소한 우유크림 파스타를 즐겨보세요.

우유크림 파스타에 바질페스토를 얹으면 고급스러운 맛을 더할 수 있어요.

🥄 준비해요

[재료]
두부면 100g
양파 1/2개
양송이버섯 4개
다진 대파 1큰술
버터 1큰술

[우유크림소스]
우유 250ml
슬라이스 치즈 2장
파마산 치즈 1큰술
참치액 1큰술
(치킨스톡으로 대체 가능)
소금 1꼬집

[토핑]
바질페스토(시판용) 1/2큰술
파슬리가루 조금
그라나파다노 치즈 조금

🍳 맛있는 팁
❶ 취향에 따라 크러쉬드 레드페퍼, 청양고추를 토핑으로 곁들여 드세요.

🥢 요리해요

1 두부면은 끓는 물에 1~2분간 데친 후 체에 받쳐 물기를 제거해주세요.

2 양파는 채썰기, 양송이버섯은 편썰기 해주세요.

3 팬에 버터 1큰술과 양파를 넣고 약불로 볶아주세요.

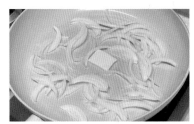

4 양파가 투명해지며 익었다면, 다진 대파와 양송이버섯을 넣어 1분간 약불로 볶아주세요.

5 분량대로 준비한 우유크림소스 재료와 두부면을 동시에 넣은 후 중불로 끓여주세요.

tip 소스와 두부면을 동시에 넣으면 면에 소스가 더 잘 배여요.

6 우유크림소스가 졸아들며 꾸덕꾸덕해졌다면 도시락통에 담고, 바질페스토 1/2큰술과 파슬리가루, 그라나파다노 치즈를 뿌리면 완성입니다.

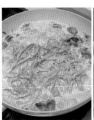

삼겹분짜

소요시간
20분

쌈에 싸먹는 삼겹살을 베트남 요리인 분짜로 재해석한 면 요리예요.

달짝지근한 간장양념에 버무린 삼겹살과 면을

다양한 채소와 함께 새콤한 소스에 찍어 먹어보세요!

🥄 준비해요

[재료]

곤약면 100g

삼겹살 200g

오이 1/3개

당근 30g

양파 1/4개

청상추 5장

깻잎 5장

[돼지고기 양념]

간장 1.5큰술

맛술 1큰술

올리고당 1큰술

다진 마늘 1/2큰술

다진 생강 조금

참기름 1큰술

후춧가루 약간

[분짜소스]

물 100ml

식초 100ml

참치액 2큰술

설탕 2큰술

다진 마늘 1/2큰술

냉동 채소 2큰술

페페론치노 2개

[토핑]

통깨 조금

🍳 맛있는 팁

❶ 곤약면 대신 얇은 쌀국수면(버미셀리)으로 대체해도 좋아요.

❷ 청상추, 깻잎, 오이, 당근 대신 냉동 채소를 활용하면 시간이 절약돼요.

❸ 도시락통에 소스와 돼지고기는 따로 담아간 후 돼지고기만 데워서 함께 먹어요. 소스는 먹기 직전에 뿌리면 더 맛있어요.

🥄 요리해요

1 곤약면은 흐르는 물에 씻은 후 체에 밭쳐 물기를 제거해주세요.

> **tip** 곤약면 특유의 향을 제거하고 싶다면 끓는 물에 식초 1큰술을 넣고 가볍게 데쳐주세요.

2 삼겹살을 먹기 좋은 크기로 자른 후 분량대로 준비한 돼지고기 양념 재료를 넣어 섞고 10분간 재워주세요.

3 오이, 당근, 양파는 얇게 채 썰고, 청상추와 깻잎도 2cm로 채 썰어주세요.

4 볼에 분량대로 준비한 분짜소스 재료를 섞고 냉장고에 두어 차갑게 만들어요.

5 기름을 두르지 않은 팬에 약불로 양념한 삼겹살을 앞뒤로 노릇노릇 구워주세요.

6 손질한 채소를 도시락통에 먼저 담고 그 위에 곤약면과 구운 삼겹살을 올린 다음 통깨를 뿌려주세요. 냉장고에 넣어 둔 분짜소스를 곁들이면 완성입니다.

삼겹마라파스타

소요시간
20분

익숙한 오일 파스타 대신 마라소스를 활용해 색다르게 만들었어요.

파스타를 좋아한다면 이 맛도 새롭게 즐길 수 있을 거예요.

준비해요

[재료]

파스타면 100g

대패삼겹살 100g

양파 1/4개

다진 마늘 1큰술

다진 대파 1큰술

올리브유 1/2큰술

고추기름 1큰술

마라소스 1큰술

[토핑]

그라나파다노 치즈 조금

파슬리가루 조금

맛있는 팁

❶ 대패삼겹살 대신 새우, 베이컨을 넣어도 좋아요. 매운맛을 좋아하신다면 페페론치노를 추가해주세요.

요리해요

1 양파는 채 썰고, 대패삼겹살은 한입 크기로 잘라주세요.

2 올리브유 1/2큰술을 넣은 끓는 물에 파스타면을 7분간 삶아주세요.

3 고추기름 1큰술을 두른 팬에 다진 마늘을 넣고 볶아주세요.

4 마늘이 노릇노릇해지면, 채 썬 양파, 다진 대파, 대패삼겹살을 넣어 볶아주세요.

5 고기가 익었다면, 미리 삶아둔 면과 면수 1큰술, 마라소스 1큰술을 넣고 볶아주세요.

6 도시락통에 삼겹마라파스타를 담아준 후 그라나파다노 치즈와 파슬리가루를 뿌리면 완성입니다.

몽골리안비프면

소요시간
25분

도톰하게 썬 쫄깃한 소고기와 슴슴한 두부면이 소스와 잘 어울려요.
알록달록한 채소를 추가해 식이섬유까지 모두 챙겼답니다.

준비해요

[재료]

두부면 100g

소고기 120g

(살치살, 치마살, 토시살, 갈비살
모두 가능)

길쭉하게 썬 대파 30g

당근 15g

양파 1/4개

식용유 2큰술

[소고기 밑간]

소금&후춧가루 조금

맛술 1큰술

[양념]

다진 생강 1/2큰술

(생강가루 가능)

다진 마늘 1큰술

물 100ml

간장 2큰술

굴소스 1큰술

설탕 1.5큰술

참기름 1큰술

[토핑]

통깨 조금

맛있는 팁

❶ 양념에 물의 양을 줄이면 두부
  면 대신 밥을 넣어 덮밥으로 먹
  을 수 있어요.

요리해요

1 소고기를 한입 크기로 썰고 분량대로 준비
한 소고기 밑간 재료를 넣고 버무려서 10분
간 재워주세요.

2 양파는 채 썰고 당근은 5cm 길이로 자른 후
채 썰어주세요.

3 두부면은 끓는 물에 1~2분간 데친 후 물기
를 제거해주세요.

4 식용유 2큰술을 두른 팬에 밑간한 소고기를
앞뒤로 70% 정도 튀기듯이 중불로 구워주
세요. 다 구웠다면 키친타월로 팬에 남은 식
용유를 흡수해 식용유 1큰술만 남겨주세요.

5 분량대로 준비한 양념 재료를 넣은 후 약불
로 고기와 섞어주세요. 양념이 끓어오르면
양파, 당근, 길쭉하게 썬 대파와 데친 두부면
을 넣어주세요.

6 모든 재료에 양념을 입히면서 버무리듯이
빠르게 볶아주세요. 다 볶았다면 도시락통
에 담은 후 통깨를 뿌려주면 완성입니다.

맛살달걀 토스트

전자레인지로 만드는 간단한 토스트에요.

고소한 맛살마요와 담백한 달걀의 조화는 말이 필요 없죠!

녹진하면서 부드러운 달걀 토핑으로 든든하게 즐겨보세요.

🍚 준비해요

[재료]

식빵 2장

달걀 1개

맛살 1.5개

슬라이스 치즈 2장

다진 대파 1큰술

마요네즈 2큰술

소금&후춧가루 적당량

파슬리가루 조금

[준비물]

컵

🍳 맛있는 팁

❶ 맛살마요에 다진 마늘을 추가하
면 마늘빵처럼 풍미가 생겨요.

🍴 요리해요

1 맛살을 잘게 자른 후 마요네즈 2큰술과 다
진 대파를 넣어서 섞어주세요.

> tip 맛살은 손으로 찢어주어도 좋아요.

2 첫 번째 식빵 1장을 준비해 중앙을 둥근 컵
으로 눌러서 동그랗게 구멍을 내요.

3 두 번째 식빵 1장을 준비하고 그 위에 슬라
이스 치즈 2장을 펼쳐 올려주세요.

4 치즈를 올린 식빵 위에 구멍이 뚫린 식빵을
겹쳐서 얹은 후, 구멍 사이로 달걀을 톡- 추
가해요.

5 식빵 윗부분에 맛살마요를 펴 바르고 소금
&후춧가루 적당량과 파슬리가루를 뿌려주
세요.

6 달걀노른자를 포크로 콕- 찌른 후 전자레인
지에 2~4분간 데워주면 완성입니다.

> tip 데워주는 과정에서 달걀노른자가 터질 수 있으
> 니, 노른자는 터트려 주세요.

> tip 달걀 반숙을 좋아한다면 2분을 데우고, 완숙을
> 좋아한다면 4분 정도 데워주세요.

프렌치 미니토스트

소요시간
10분

빵 사이에 자신이 좋아하는 소스 또는 재료를 선택해 넣어보세요.
촉촉한 달걀물을 입혀 풍미 있는 버터에 구우면
자신만의 프렌치 미니토스트가 탄생해요.

🖐 준비해요

[재료]

식빵 4장

버터 1큰술

[달걀물]

달걀 1개

우유 25ml

설탕 1/2큰술

소금 1꼬집

[선택 재료_5개 중 택 1]

① 슬라이스 치즈 2장

② 샌드위치 햄 2장

③ 땅콩버터 2큰술

④ 딸기잼 2큰술

⑤ 카야잼 2큰술

[선택 토핑 재료]

시나몬가루

슈가파우더

초코시럽

과일

🍳 맛있는 팁

❶ 빵 사이에 다양한 재료를 넣어 층층이 쌓아도 좋아요.

❷ 시나몬가루, 슈가파우더, 초코 시럽 등 취향에 따라 곁들여 드 세요.

❸ 좋아하는 과일을 토스트 위에 올려 함께 먹으면 더 맛있어요.

🖐 요리해요

1 테두리를 자른 식빵 위에 치즈를 올린 후 다 른 식빵으로 덮어주세요.

> tip 슬라이스 치즈 2장을 넣은 버전으로 보여드릴 게요.

2 식빵을 4등분으로 잘라주세요.

3 볼에 분량대로 준비한 달걀물 재료를 넣고 골고루 섞어주세요.

4 자른 식빵을 달걀물에 담가 달걀물을 충분 히 입혀주세요.

5 팬에 버터를 녹인 후 달걀물을 입힌 식빵을 앞뒤로 노릇노릇 중약불에 구워주세요.

6 도시락통에 토스트를 담은 후 시나몬가루를 솔솔 뿌리면 완성입니다.

> tip 여기에선 냉동 과일을 토핑했어요.

갈릭에그 베이글

소요시간
10분

토핑이 많아서 한입에 먹기 힘든 베이글은 NO!
빵 표면에 갈릭소스를 바르고, 치즈와 달걀을 추가해 그대로 구워냈어요.
만드는 방법은 간단하지만 맛은 풍성해요.

🤚 준비해요

[재료]

베이글 1개

올리브유 1/2큰술

달걀 2개

피자치즈 조금

파슬리가루 조금

[갈릭소스 택 1]

① 갈릭버터소스

다진 마늘 1큰술

버터 2큰술

올리고당 2큰술

파슬리가루 조금

② 갈릭마요소스

다진 마늘 1큰술

마요네즈 3큰술

설탕 2큰술

소금 한꼬집

파슬리가루 조금

[준비물]

종이 호일

실리콘 솔

🍳 맛있는 팁

❶ 취향에 따라 통깨 또는 페페론 치노를 베이글 위에 뿌려서 드세요.

❷ 기호에 따라 채소, 토마토, 햄을 같이 곁들여 보세요.

❸ 꿀을 추가하면 식사 겸 디저트로 달달하게 즐길 수 있어요.

❹ 먹기 전에 다시 데울 경우, 물 100ml를 담은 컵을 같이 넣고 전자레인지에 데우면 빵이 촉촉해져요.

🍴 요리해요

1 베이글을 반으로 잘라 2개로 만들어주세요.

2 취향에 따라 선택한 갈릭버터소스 또는 갈릭마요소스 재료를 분량대로 섞어주세요.

3 베이글 표면에 실리콘 솔을 이용해 갈릭소스를 발라주세요.

4 종이 호일 위에 올리브유를 두르고 베이글을 놓아준 후 피자치즈를 골고루 뿌려주세요.

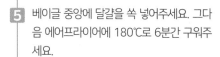

5 베이글 중앙에 달걀을 쏙 넣어주세요. 그다음 에어프라이어에 180℃로 6분간 구워주세요.

> **tip** 전자레인지를 사용한다면 달걀노른자를 터트려서 2~3분간 데워주세요.

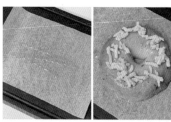

6 다 구워진 베이글에 파슬리가루를 추가하면 완성입니다.

치즈명란 베이글

베이글 속을 파내고, 치즈와 명란마요소스를 담아내서 구웠어요.
짭조름하면서 고소해서 유명 베이글 맛집 부럽지 않아요!

소요시간
10분

🍳 준비해요

[재료]

베이글 1개

피자치즈 조금

(슬라이스 치즈 대체 가능)

[명란마요소스]

명란젓 40g

마요네즈 2큰술

올리고당 1큰술

다진 마늘 1/2큰술

파슬리가루 조금

🍳 맛있는 팁

❶ 파낸 베이글 조각은 기름 없이
에어프라이어에 구워서 크루통
으로 만들어 드세요.

❷ 베이글 대신 바게트, 식빵, 모닝
빵에 명란마요소스를 찍어 드셔
도 맛나요.

❸ 고추냉이를 추가해서 알싸하게
즐겨보세요.

❹ 도시락을 쌀 때 원래 베이글 모
양처럼 겹쳐서 랩에 감싼 후, 다
시 절반으로 잘라 먹으면 먹을
때 불편하지 않아요.

🍳 요리해요

1 베이글을 반으로 잘라 2개로 만들어주
세요.

2 베이글의 속을 숟가락으로 파내주세요.

3 명란젓의 껍질을 제거해주세요.

4 분량대로 준비한 명란마요 소스 재료를 섞
어주세요.

5 베이글의 파낸 부분에 피자치즈와 명란마요
소스를 담아주세요.

> **tip** 피자치즈부터 올리고 명란마요소스를 담아주
> 세요.

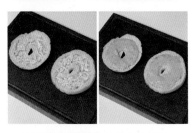

6 에어프라이어에 180℃로 5~8분간 구워주
면 완성입니다.

바질치즈수프 파네

소요시간
10분

질기고 눅눅하고 딱딱한 자투리 빵의 변신!

향 좋은 바질페스토와 양송이수프가 스며들어 촉촉하고 맛있는 브런치 완성입니다.

준비해요

[재료]

식빵 3장

바질페스토 1큰술

피자치즈 80g

레토르트 양송이수프 1팩 (180g)

파슬리가루 조금

맛있는 팁

❶ 수프가 남았다면, 크루통을 찍어 드세요!

❷ 레토르트 양송이수프 팩은 그대로 가져가고, 먹기 전에 뿌려서 데워도 좋아요!

요리해요

1 식빵을 한입 크기로 잘라주세요.

> tip 토핑용 크루통 식빵은 사각형으로 잘라주세요.

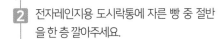

2 전자레인지용 도시락통에 자른 빵 중 절반을 한 층 깔아주세요.

3 자른 빵 위에 바질페스토 1/2큰술을 골고루 바르고, 피자치즈 40g을 넓게 뿌려주세요.

4 그 위에 나머지 자른 빵 절반을 한 층 더 올리고 바질페스토 1/2큰술을 바른 후 피자치즈 40g을 뿌려주세요.

5 레토르트 양송이수프를 가득 채우고 파슬리가루를 뿌린 후, 전자레인지에 1분 30초~2분간 데워주세요.

6 토핑용 크루통 식빵은 기름을 두르지 않은 팬에 약불로 노릇노릇 구워 따로 곁들이면 완성입니다.

버섯치즈 구운 샌드위치

소요시간
15분

사두고 잘 안 쓰는 발사믹드레싱을 활용하여 버섯과 양파를 볶았어요.

통밀 식빵에 치즈와 버섯양파볶음을 넣고 버터에 구워내니 풍미가 아주 좋아요.

쫄깃한 버섯과 아삭한 양파, 고소한 치즈까지 삼박자를 갖춰, 여느 브런치 가게 못지않게 맛있어요.

준비해요

[재료]

통밀 식빵 2장

만가닥버섯 1팩 (150g)

(느타리버섯 대체 가능)

슬라이스 치즈 4장

(피자치즈 대체 가능)

양파 1/2개

다진 마늘 1큰술

올리브유 1큰술

버터 1큰술

[양념]

발사믹드레싱 2큰술

(발사믹 식초 대체 가능)

후춧가루 조금

[토핑]

파슬리가루 조금

그라나파다노 치즈 조금

맛있는 팁

❶ 빵 한쪽만 사용하여 오픈토스트로 만들어 탄수화물 양을 줄여도 좋아요.

❷ 에어프라이어로 구우면 더 바삭하게 즐길 수 있어요.

요리해요

1 만가닥버섯은 손으로 찢고 양파는 채 썰어 주세요.

2 올리브유 1큰술을 넣은 팬에 다진 마늘 1큰술과 채 썬 양파를 넣고 중불로 볶아주세요.

3 양파가 투명해지면 버섯과 발사믹드레싱 2큰술, 후춧가루를 넣고 수분이 생기지 않도록 바짝 볶아주세요.

4 식빵 1장에 슬라이스 치즈 2장을 올리고 그 위에 버섯양파볶음을 펼쳐서 올려주세요.

5 버섯양파볶음 위에 다시 슬라이스 치즈 2장을 올리고 식빵 1장으로 덮어주세요.

6 버터를 녹인 팬에 토스트를 앞뒤로 구운 후 토핑으로 파슬리가루와 그라나파다노 치즈를 뿌리면 완성입니다.

새우부추달걀 샌드위치

소요시간
20분

빵 사이에 들어있는 향긋한 부추와 담백한 달걀, 오동통한 새우의 조합은요,
만두소처럼 영양이 가득해 한 끼 식사로 든든해요.

[재료]

통밀 식빵 2장
냉동 새우 5~6마리
부추 50g
양파 1/4개
삶은 달걀 2개
식용유 1큰술
다진 마늘 1/2큰술

[소스]

마요네즈 2큰술
소금&후춧가루 조금

🍳 맛있는 팁

❶ 매콤한 맛을 원한다면 스리라차
또는 크래쉬드 레드페퍼를 뿌려
주세요.

❷ 샌드위치 안에 내용물이 가득
들어있기 때문에, 샌드위치를
하나씩 랩에 싸면 흘러내릴 걱
정이 줄어들어 깔끔하게 즐길
수 있어요.

🍴 요리해요

1 냉동 새우는 찬물에 담가 해동한 후 4~5조
각으로 자르고, 부추와 양파는 잘게 썰어주
세요.

2 식용유 1큰술을 두른 팬에 다진 마늘을 볶
아주세요.

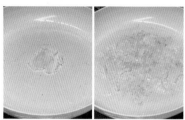

3 마늘이 노릇노릇해지면 새우를 넣어 볶아주
세요.

4 볼에 삶은 달걀, 양파, 부추, 볶은 새우를 넣
어주세요.

5 삶은 달걀을 으깬 후 마요네즈 2큰술과 소
금&후춧가루를 넣고 골고루 섞어주세요.

6 4등분 한 빵 위에 새우부추달걀 소를 얹고
빵으로 덮으면 완성입니다.

바질치킨토마토 토르티야랩

소요시간
20분

고소한 치즈와 토마토 과육이 팡팡 터지는 바질치킨랩이에요.
한 입씩 베어 먹을 때마다 입안 가득 퍼지는 다채로운 맛을 느껴보세요.

준비해요

[재료]

토르티야 2장
닭가슴살 150g
방울토마토 6개
피자치즈 조금
올리브유 1/2큰술

[소스]

바질페스토 1큰술
레토르트 양송이수프 3큰술
후춧가루 조금

맛있는 팁

❶ 칼로리를 줄이고 싶다면 수프를 그릭요거트로 변경해주세요.

❷ 올리브유를 뿌리고 곧바로 전자 레인지에 데워주면 치즈 맛을 더 잘 느낄 수 있어요.

요리해요

1 닭가슴살을 결대로 잘게 찢어주세요.

2 닭가슴살에 분량대로 준비한 소스 재료를 섞어주세요.

3 방울토마토는 2~3등분 해 잘라주세요.

4 토르티야 1장 위에 소스를 버무린 닭가슴살을 얹어주세요.

5 손질한 방울토마토와 피자치즈를 얹고 돌돌 말아주세요.

6 같은 방법으로 하나 더 만들어요. 올리브유를 뿌리고 에어프라이어에 180℃로 8분간 구우면 완성입니다.

tip 에어프라이어 대신 전자레인지에 3분간 데워도 좋아요.

|한 컵 프리타타

소요시간
25분

프리타타는 달걀에 다양한 종류의 채소를 넣어 만드는 이탈리아식 오믈렛 요리예요.
고소하고 부드러운 맛이 특징이며 탄수화물+단백질+지방의
완벽한 영양성분이 든 프리타타를 한 컵으로 편하게 즐겨보세요.

👋 준비해요

[재료]

토르티야 1장

냉동 새우 5~8마리

시금치 한 줌

방울토마토 3개

피자치즈 50g

올리브유 1/2큰술

[달걀물]

달걀 2개

우유 100ml

소금&후춧가루 약간

[준비물]

머핀틀 4개

🍳 맛있는 팁

❶ 새우 대신 베이컨, 닭가슴살 등
   으로 대체해도 좋아요.

❷ 취향에 따라 스리라차소스 또는
   스위트칠리소스를 함께 곁들여
   즐기세요.

👋 요리해요

1 냉동 새우 5~8마리를 찬물에 담가 10분간
   해동해주세요.

2 토르티야 1장을 8등분으로 길게 잘라요. 시
   금치는 뿌리를 제거한 후 한입 크기로 자르
   고 방울토마토는 반으로 잘라주세요.

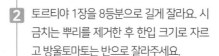

3 분량대로 준비한 달걀물 재료를 볼에 넣고
   골고루 섞어주세요.

> **tip** 달걀물을 체에 내리면 더 부드럽게 맛볼 수 있
> 어요.

4 머핀틀에 올리브유를 골고루 바른 후 자른
   토르티야를 두 개씩 말아서 머핀틀 안에 놓
   아주세요.

5 토르티야 사이에 시금치, 방울토마토, 새우
   를 넣고 달걀물을 3/4 정도 부어주세요.

> **tip** 달걀물이 부풀어오를 걸 대비해서 머핀틀에 달
> 걀물을 1/2 혹은 3/4 정도까지만 넣어주세요.

6 피자치즈를 적당량 얹고 에어프라이어 또는
   오븐에 180℃로 10~15분간 구워주면 완
   성입니다.

> **tip** 에어프라이어 혹은 오븐에 구워야 가장 맛있지
> 만, 전자레인지로도 만들 수 있어요.

돼지갈비 반미 샌드위치

소요시간
30분

베트남 음식인 반미 샌드위치를 한국식으로 재해석한 돼지갈비 반미 샌드위치예요.
누구나 좋아할 달짝지근한 돼지갈비소스와 새콤달콤한 당근&무 절임소스로
감칠맛이 배가 되는 맛이랍니다.

🖐 준비해요

[재료]

바게트 1개

돼지고기 앞다리살 130g

(불고기용이면 OK)

무 40g

당근 20g

양파 1/4개

상추 2장

통깨 조금

[절임소스]

멸치액젓 1큰술

설탕 2큰술

식초 2큰술

물 2큰술

[빵소스]

스리라차 2큰술

마요네즈 2큰술

[돼지고기양념]

간장 1.5큰술

맛술 1.5큰술

올리고당 1.5큰술

다진 마늘 1/2큰술

다진 생강 조금

참기름 1큰술

후춧가루 약간

🍳 맛있는 팁

❶ 무 대신 쌈무를 활용해도 좋아
요. 만약 쌈무도 없으면, 양파와
당근만 절임소스에 절여서 대체
해주세요.

❷ 반미 샌드위치가 커서 한입에 먹
기 힘들면, 절인 당근무피클과
양파를 따로 도시락통에 담아서
반찬처럼 곁들이면 편해요.

👏 요리해요

1 돼지고기 앞다리살은 분량대로 준비한 돼지
고기양념 재료로 밑간하고 10분간 재워주
세요.

2 무, 당근, 양파를 채 썰어주세요.

> tip 양파는 찬물에 담가 매운맛을 제거해주셔도 좋
> 아요.

3 채 썬 당근과 무를 분량대로 준비한 절임소
스 재료와 섞은 후 냉장고에 넣어 차갑게 만
들어주세요.

4 기름을 두르지 않은 팬에 양념에 재운
돼지고기 앞다리살을 중불로 노릇노릇 볶아
주세요.

> tip 살짝 태우듯이 볶아주셔야 더 먹음직스러워요.

5 바게트를 반으로 자르고, 분량대로 준비한
빵소스를 안쪽에 발라주세요.

> tip 바게트를 완전히 자르지 말고 2/3 정도만 잘라
> 가운데가 벌어지는 정도만 잘라요.

6 바게트 사이에 상추 2장을 넣은 후 그 위에
돼지고기 앞다리살을 가득 넣고, 생양파,
당근무피클을 올린 후 통깨를 뿌리면 완성
입니다.

보너스
레시피

명란젓순두부 달걀찜

소요시간
10분

부드러운 달걀찜에 넣은 고소한 순두부와
짭조름하고 감칠맛 있는 명란젓이 포인트예요.
그냥 먹어도 맛있고 밥과 함께 먹어도 맛있어요.

🧽 준비해요

[재료]

달걀 2개

순두부 200g (1/2봉)

명란젓 30g (1/2덩이)

우유 50ml

맛술 1큰술

올리고당 1/2큰술

(설탕으로 대체 가능)

[토핑]

들기름 1큰술

다진 대파 조금

통깨 조금

🍲 맛있는 팁

❶ 당근, 양파와 같은 냉털용 채소를 자유롭게 넣어 영양성분을 추가해도 좋아요.

❷ 매운맛을 좋아한다면 청양고추를 넣어주세요.

❸ 명란젓의 껍질을 제거하고 순두부, 달걀과 함께 골고루 섞어주면 더 밸런스있게 맛볼 수 있어요.

🧽 요리해요

1 순두부를 포크로 곱게 으깨주세요.

2 으깬 순두부 위에 달걀 2개를 넣고 골고루 풀어주세요.

> **tip** 달걀을 체에 내리면 더 부드럽게 즐길 수 있어요.

3 그 위에 분량대로 준비한 우유, 맛술, 올리고당을 넣고 골고루 섞어주세요.

4 명란젓을 한입 크기로 잘라서 위에 얹어주세요.

5 랩을 씌우고 포크로 구멍을 2~3차례 낸 후 전자레인지에 4~5분간 돌려주세요.

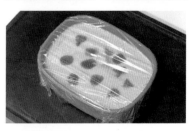

6 달걀찜 위에 들기름, 다진 대파, 통깨를 뿌리면 완성입니다.

> **tip** 명란젓 1/2큰술을 토핑으로 올리면 더 맛스러워 보여요.

소고기배추찜

소요시간
10분

전자레인지로 만드는 초간단 밀푀유나베!

알배추에서 나오는 채즙과 소고기에서 나오는 육즙이 골고루 스며들어 참 맛있어요.

🧤 준비해요

[재료]

알배추 1/4통 (210g)

소고기(샤브샤브용) 120g

양파 1/4개

홍고추 1/2개

청양고추 1/2개

물 2큰술

통깨 조금

[소고기 밑간]

맛술 1큰술

후춧가루 조금

[소스]

간장 1.5큰술

설탕 1.5큰술

식초 1.5큰술

다진 대파 1큰술

다진 마늘 1/2큰술

굴소스 1/2큰술

참치액 1/2큰술

맛술 1큰술

참기름 1/2큰술

후춧가루 조금

🍳 맛있는 팁

❶ 깻잎, 버섯 등을 추가하면 맛이 더 풍성해져요.

❷ 잘 익은 알배추와 소고기를 크레이프처럼 돌돌 말아 한입에 드셔보세요.

👋 요리해요

1 알배추는 1/4쪽으로 잘라주세요.

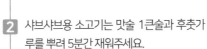

2 샤브샤브용 소고기는 맛술 1큰술과 후춧가루를 뿌려 5분간 재워주세요.

3 알배추 사이사이에 샤브샤브용 소고기를 넣어 켜켜이 쌓아주세요.

4 전자레인지용 그릇에 켜켜이 쌓은 알배추 소고기를 담고, 물 2큰술을 추가한 후 랩을 느슨히 씌워서 전자레인지에 5분간 익혀주세요.

> **tip** 랩을 느슨하게 씌웠기 때문에 랩에 구멍을 따로 뚫지 않았어요. 팽팽하게 씌웠다면 랩에 구멍을 뚫어주세요.

5 양파는 잘게 다지고 홍고추와 청양고추는 씨를 제거해서 잘게 다져주세요. 그다음 다진 양파, 홍고추, 청양고추와 분량대로 준비한 소스 재료를 모두 섞어주세요.

6 소고기배추찜 위에 소스를 듬뿍 뿌리고 통깨를 토핑으로 얹으면 완성입니다.

> **tip** 요리 후 2~3등분으로 자르면 먹기 편해요.

닭가슴살 샤브

소요시간
15분

전분가루를 묻힌 닭가슴살을 물에 삶아 촉촉하고 쫄깃하게 맛볼 수 있는 닭가슴살 샤브.
팬에 굽지 않아 색다르게 부드러운 닭가슴살을 즐길 수 있어요.

🖐 준비해요

[재료]

닭가슴살 150g

소금&후춧가루 적당량

전분가루 3큰술

물 1.5L

통깨 조금

[소스]

간장 1큰술

참기름 1큰술

굴소스 1/2큰술

설탕 1/2큰술

다진 마늘 1/3큰술

통깨 적당량

🍳 맛있는 팁

❶ 닭가슴살 샤브는 어린잎, 샐러드,
쌈에 곁들여 드시면 제격이에요.

🖐 요리해요

1 생 닭가슴살을 편썰기 하고 그 위에 소금&
후춧가루 적당량을 뿌려주세요.

2 전분가루 3큰술을 닭가슴살 앞뒤로 골고루
묻혀주세요.

3 냄비에 전분가루 묻힌 닭가슴살과 물 1.5L
를 넣고 중불로 바글바글 끓어오를 때까지
5분간 삶아주세요.

4 삶은 닭가슴살을 꺼내 체에 밭쳐 물기를 제
거해주세요.

5 볼에 분량대로 준비한 소스 재료를 넣고 섞
어주세요.

6 삶은 닭가슴살을 담고 소스와 통깨를 뿌리
면 완성입니다.

가지 대패삼겹구이

소요시간
15분

촉촉하고 부드러운 구운 가지와 고소한 대패삼겹살구이에 간장소스를 뿌렸어요.

돼지고기 기름에 가지를 튀겨내서 더 맛있게 즐길 수 있어요.

🧤 준비해요

[재료]

대패삼겹살 150g

가지 1개

식용유 1큰술

소금&후춧가루 조금

다진 대파 1큰술

청양고추 1/2개

홍고추 1/2개

통깨 조금

[양념]

간장 1큰술

굴소스 1/2큰술

식초 1큰술

올리고당 1큰술

설탕 1/2큰술

다진 마늘 1/2큰술

🍳 맛있는 팁

❶ 가지의 물컹한 식감이 걱정이라
면 에어프라이어에 구워서 쫄깃
하게 즐기셔도 좋아요.

🧤 요리해요

1 가지는 도톰하게 편으로 썰고 청양고추와
홍고추는 송송 썰어주세요.

2 분량대로 준비한 양념 재료에 다진 대파, 송
송 썬 청양고추와 홍고추를 넣고 섞어 간장
소스를 만들어요.

3 대패삼겹살에 소금&후춧가루 적당량을 뿌
려서 약불로 구워주세요. 고기가 익었다면
잠시 다른 그릇에 옮겨주세요.

4 대패삼겹살을 구웠던 팬에 식용유 1큰술을
추가한 후 약불로 가지를 튀기듯이 구워주
세요.

5 가지가 앞뒤로 노릇노릇하게 구워졌으면
접시에 담고 그 위에 대패삼겹살을 올려
주세요.

6 가지와 대패삼겹살 위에 만들어둔 간장소스
를 뿌리고 통깨로 토핑하면 완성입니다.

표고김치치즈 대패말이

소요시간
15분

향이 좋은 표고버섯에 김치와 치즈를 넣고 대패삼겹살을 돌돌 말아 팬에 구웠어요.
버섯 채즙이 대패삼겹살 속에 가득 담겨있고, 쪽- 늘어나는 치즈가 부드러워요.

준비해요

[재료]

긴 대패삼겹살 10줄

표고버섯 5개

김치 50g

피자치즈 30g (취향껏 조절)

파슬리가루 조금

[양념]

소금&후춧가루 적당량

맛있는 팁

❶ 볶음김치를 넣으면 달큰하고 매콤하게 즐길 수 있어요.

❷ 한입에 먹으면 뜨거우니 반으로 잘라서 드세요.

요리해요

1 표고버섯의 꼭지를 비틀어서 제거해주세요.

2 김치를 가위로 잘게 잘라주세요.

3 꼭지를 제거한 표고버섯 1개에 다진 김치를 넣고 그 위에 피자치즈를 얹어주세요.

tip 총 5개 만들어요.

4 **3**번의 표고버섯을 대패삼겹살 2줄로 돌돌 말고 그 위에 소금&후춧가루를 뿌려주세요.

tip 표고버섯 1개당 대패삼겹살 2줄로 말아주세요. 한 줄은 가로로, 다른 한 줄은 세로로 말아 표고버섯을 완전히 감싸요.

5 기름을 두르지 않은 팬에 표고김치치즈 대패말이의 이음새 부분을 아래로 향하도록 놓아준 후 약불로 구워주세요. 모든 면을 골고루 익히고 노릇노릇해지면 불을 꺼요.

6 접시에 담아 파슬리가루를 뿌리면 완성입니다.

대패삼겹 깻잎말이

소요시간
15분

구운 대패삼겹살에 향긋한 깻잎의 조화.

밥과 함께 먹으면 반찬으로 제격이에요.

한입에 먹을 수 있어서 도시락 싸기에도 좋아요.

🖐 준비해요

[재료]

긴 대패삼겹살 150g

깻잎 6장

소금&후춧가루 조금

전분가루 1큰술

식용유 1큰술

[양념]

간장 2큰술

맛술 2큰술

설탕 1큰술

[준비물]

랩

🍳 맛있는 팁

❶ 피자치즈 또는 스트링치즈를 추
  가하면 풍미가 올라가요.

🖐 요리해요

1 랩 위에 대패삼겹살을 겹쳐서 넓게 펼치고
깻잎 6장을 차곡차곡 놓아주세요.

2 랩을 이용해서 김밥 모양처럼 돌돌 말아주
세요.

3 랩을 제거한 후 소금&후춧가루와 전분가루
를 넓게 뿌려주세요.

4 식용유 1큰술을 두른 팬에 대패삼겹 깻잎말
이의 이음새 부분을 아래로 향하도록 놓고
약불로 구워주세요.

5 대패삼겹 깻잎말이의 앞뒷면이 골고루 구워
졌다면, 뚜껑을 덮고 1~2분마다 굴려 가며
총 5분간 은근히 익혀주세요.

6 분량대로 준비한 양념 재료를 넣고 양념이
충분히 밸 때까지 조린 후 한입 크기로 자르
면 완성입니다.

초성비(초간단+가성비) 좋은 집밥 도시락 레시피 86

날마다 도시락 DAY

초 판 2 쇄 발 행	2024년 08월 05일
초 판 발 행	2023년 12월 20일
발 행 인	박영일
책 임 편 집	이해욱
저 자	천벼리(뵤뵤)
편 집 진 행	황규빈
표 지 디 자 인	박수영
편 집 디 자 인	김지현
발 행 처	시대인
공 급 처	(주)시대고시기획
출 판 등 록	제 10-1521호
주 소	서울시 마포구 큰우물로 75 [도화동 538 성지 B/D] 6F
전 화	1600-3600
홈 페 이 지	www.sdedu.co.kr

I S B N	979-11-383-6273-3(13590)
정 가	20,000원

시대인은 종합교육그룹 (주)시대고시기획 · 시대교육의 단행본 브랜드입니다.